Edgar K. Geffroy | Doris Albiez

Herzenssache Mitarbeiter

Edgar K. Geffroy | Doris Albiez

Herzenssache Mitarbeiter

Die neue Unternehmenskultur
im digitalen Zeitalter

REDLINE | VERLAG

Bibliografische Information der Deutschen Nationalbibliothek
Die Deutsche Nationalbibliothek verzeichnet diese Publikation in der Deutschen Nationalbibliografie. Detaillierte bibliografische Daten sind im Internet über **http://dnb.d-nb.de** abrufbar.

Für Fragen und Anregungen:
lektorat@redline-verlag.de

1. Auflage 2016

© 2016 by Redline Verlag, ein Imprint der Münchner Verlagsgruppe GmbH,
Nymphenburger Straße 86
D-80636 München
Tel.: 089 651285-0
Fax: 089 652096

Redaktion: Ulrike Kroneck, Melle-Buer
Umschlaggestaltung: Melanie Melzer, München
Umschlagabbildung: shutterstock/Digital Storm
Satz: inpunkt[w]o, Haiger
Druck: CPI books GmbH, Leck
Printed in Germany

ISBN Print 978-3-86881-621-1
ISBN E-Book (PDF) 978-3-86414-877-4
ISBN E-Book (EPUB, Mobi) 978-3-86414-876-7

Weitere Informationen zum Verlag finden Sie unter

www.redline-verlag.de

Inhalt

Grußwort

Der Ausspruch »Mitarbeiter sind das Kapital eines Unternehmens« oder Begriffe wie »Humankapital« kommen nicht von ungefähr. Gerade gut motivierte, zuverlässige und kompetente Arbeitnehmer sind produktiv und ein zentraler Erfolgsfaktor für jedes Unternehmen. Sie sind das Aushängeschild der Firma, auch im Umgang mit Kunden. Sie tragen nicht nur zur Kundenzufriedenheit, sondern auch zur Kundenbindung bei. Der Mitarbeiter muss daher Herzenssache eines jeden Unternehmens sein.

Deutschland steht gut da: Unser Land verzeichnet Rekordbeschäftigung, Exportboom und Wachstum. Auf der anderen Seite belegen aber Studien, dass 70 Prozent aller Arbeitnehmer ihren Job innerlich längst aufgekündigt haben und nur noch Dienst nach Vorschrift leisten. Das Gallup-Institut meldet: 63 Prozent der Mitarbeiter sind emotional nicht engagiert. Jeder dritte Mitarbeiter in Deutschland ist auf der Suche nach einem neuen Arbeitsplatz, auch wenn er mit seinem Job zufrieden ist. Gleichzeitig haben über 87 Prozent der Mittelständler Schwierigkeiten dabei, offene Positionen zu besetzen. Es ist höchste Zeit, auch den Mitarbeiter in den Fokus unternehmerischen Handelns zu setzen.

Autokratische Führungsmethoden – wie Führen nach »Gutsherrenart« – können sich heute weder Mittelständler noch Großunternehmen leisten. In einem Arbeitnehmermarkt suchen sich die modernen Arbeitnehmer ihren Job nach ganz anderen Kriterien aus und bestimmen die Rahmenbedingungen ihres Jobs mit. Längst geht es um wesentlich mehr als nur Aufstiegschancen oder Gehalt. Wenn der Mitarbeiter verstimmt ist, dann ...

➤ kann er seine Potenziale nicht nutzen!

➤ kann er seine Empathie nicht aktivieren!

➤ kann er sich nicht entspannen!

➤ kann er keine Kreativität entwickeln!

Deshalb sind jetzt wir Unternehmer gefragt. Wir müssen um unsere Mitarbeiter werben. Wir müssen genau hinhören, was sie erwarten. Wir müssen Sie aufwerten, denn die Selbstwertproblematik kommt durch Entwertung. Nur so können wir Mitarbeiter binden. Aber was wollen die Arbeitnehmer von heute?

Materielle Statussymbole sind längst nicht mehr das, wonach junge Fachkräfte von heute streben. Die Generation Y ist gut ausgebildet und selbstbewusst, ihre Statussymbole sind Selbstbestimmung und Unabhängigkeit. Sie stellen unsere tradierte Arbeitswelt infrage, da sie genau das sind, was wir brauchen: engagiert und kompetent. Wenn wir ihnen nicht geben können, wonach sie suchen, ziehen sie weiter.

Viele der deutschen Arbeitnehmer möchten gerne von zu Hause aus arbeiten, das veröffentlichte vor Kurzem das Deutsche Institut für Wirtschaftsforschung. Arbeitnehmer sehnen sich nach Flexibilität, nach besserer Vereinbarkeit von Beruf und Familie. Kurzum: Arbeiten 4.0 – arbeiten, wann man will und wo man will. Die Digitalisierung macht das möglich: mobile Endgeräte, Internet und »Datenwolken« bieten bisher nie da gewesene Möglichkeiten. Die Digitalisierung verändert ganze Lebenswelten, nicht nur die Wirtschaft, und wird es in Zukunft noch viel stärker tun. Für uns Mittelständler ist das eine echte Chance. Gegenwärtig ist das allerdings noch Zukunftsmusik. Ein Projekt, das Unternehmen in den kommenden Jahren noch vor manche große Herausforderung stellen wird, gerade in puncto Mitarbeiterrekrutierung, -bindung und -führung.

Die Digitalisierung und die damit verbundene Flexibilisierung der Arbeit geht weder an uns Unternehmern und Führungskräften noch an unseren Mitarbeiterinnen und Mitarbeitern spurlos vorbei. Unternehmen sind mit einer Vielzahl neuer Fragestellungen konfrontiert: Welche Strukturen und Prozesse sind im Unternehmen notwendig, wenn der klassische Büroarbeitsplatz zum Heimarbeitsplatz wird? Was ist zu beachten, wenn Mitarbeiter am Abend, am Wochenende oder an Feiertagen arbeiten wollen? Hier sind Wirtschaft und Politik gleichermaßen gefragt, um gemeinsam Antworten auf diese Fragen zu finden und Unternehmen die von den Mitarbeitern verlangte Flexibilität zu ermöglichen. Neue Strukturen müssen wachsen.

Führungskräfte müssen sich überlegen, wie sie trotz Flexibilisierung ihre Mitarbeiter koordinieren, sich mit ihnen austauschen und das Team zusammenhalten können. Denn der Abstimmungsbedarf steigt unweigerlich. Hierarchische Strukturen werden in ihrer heutigen Form künftig nicht mehr existieren. Das stellt veränderte Anforderung an die Steuerung, Motivation sowie Kooperationsbereitschaft von Mitarbeitern. Unsere Aufgabe besteht darin, den Arbeitnehmern zu zeigen, dass sie gebraucht werden, dass sie etwas bewegen können und dass ihre Arbeit geschätzt wird. Denn unsere Mitarbeiter sind vor allem eins: die ersten Kunden unseres Unternehmens.

Um den Erwartungen unserer Mitarbeiter gerecht zu werden, müssen wir als Unternehmer Verantwortung übernehmen, unseren Mitarbeitern Freiräume geben, sie aber auch vor deren Gefahren schützen. Denn wie etwa beim Heimarbeitsplatz der Job mit dem Privaten rein geografisch verschmilzt, so verschmelzen auch Arbeitszeit und die Zeit für Erholung und Familie.

Meine feste Grundüberzeugung lautet: Erfolg heißt sich ändern. Und wir Unternehmer müssen uns ändern, denn unsere Mitarbeiter haben es längst getan. Wir müssen uns von alten Denkmustern verabschieden und uns den Anforderungen der neuen Arbeitswelt und damit den neuen Erwartungen der Arbeitnehmerinnen und Arbeitnehmer stellen. Wir müssen uns bewusst werden, dass unsere Mitarbeiter ein vitales Element unseres Unternehmens sind. Wenn uns das gelingt, sind unsere Unternehmen ihren Fachkräften von morgen ein ganz gehöriges Stück näher.

Herzlich,
Ihr Mario Ohoven

Präsident Bundesverband mittelständische Wirtschaft (BVMW) und Europäischer Mittelstandsdachverband European Entrepreneurs (CEA-PME)

Vorwort:
Die Zeichen stehen auf Mensch

Sicherlich geht es Ihnen wie mir. Sie möchten als Mensch mit all Ihren Facetten wahrgenommen und vor allem ernst genommen werden. Ob Sie nun als Firmeninhaber, Angestellter, Familienvater, Fußgänger, Urlauber oder Kunde unterwegs sind, spielt keine Rolle. Es geht immer um ein und dasselbe Thema: Sie legen Wert darauf, selbstbestimmt und eigenverantwortlich handeln zu können, ohne auf Widerstand zu stoßen. Schließlich soll alles zusammenpassen: der Job, der Partner und die Familie, Ihre Leidenschaften, Ihre Hobbys und Ihr ganz persönlicher, individueller Wohlfühlfaktor.

Dieser Wunsch des Menschen ist nicht neu, sondern – ebenso wie meine vor 20 Jahren entwickelte Clienting®-Strategie – eine auf Naturgesetzen beruhende Gesetzmäßigkeit. Selbstbestimmung ist menschlich. Oder hatten Sie jemals den Wunsch, von Ihrer Umgebung fremdbestimmt zu werden, ohne sich selbstbestimmt einbringen zu können? Wohl kaum. Und schon gar nicht, wenn es um Ihren eigenen Job oder die Familie geht. Und die neue Generation der Mitarbeiter legt darauf einen besonderen Wert.

Was bedeutet dieser Umstand nun für das menschliche Miteinander im Business? Lassen Sie mich Ihnen dazu ein kurzes Beispiel nennen. Im Rahmen meiner Unternehmercoachings in unserem Büro in Düsseldorf stelle ich immer wieder gerne die gleiche Frage, wenn es um die Analyse der aktuellen Vertriebssituation meiner Kunden geht. Sie lautet: »Haben Sie schon mal Ihre Kunden gefragt, warum Sie gerade Ihrem Unternehmen treu sind?« Die Antwort ist überraschenderweise immer die gleiche. Damit meine ich nicht nur, wie das Ganze auf mich wirkt, sondern vor allem die Überraschung in den Augen meines Kunden, wenn er fast standardgemäß antwortet: »Nein. Das habe ich nicht. Aber ich sollte es wohl mal tun.«

Genauso oder zumindest sehr ähnlich verhält es sich im Umgang mit Mitarbeitern. In vielen Unternehmen werden die Mitarbeiter einfach nicht nach den Gründen ihrer Zufriedenheit oder besser gesagt Unzufriedenheit gefragt. Manchmal sind die einfachsten Fragen die schwierigsten. Warum? Weil wir Dinge für selbstverständlich halten, die es längst noch nicht sind. Genau darum geht es in diesem Buch, das gerade in dieser Sekunde vor Ihnen liegt. Es geht um den Menschen. Oder lassen Sie es mich so sagen: Es geht um die Herzenssache Mitarbeiter.

Die Neuentdeckung des Individuums im Business wird zukünftig zu einer Notwendigkeit. Es wird sich etwas grundlegend ändern müssen in der Einstellung vieler Unternehmen. Überspitzt formuliert, ist der Leitgedanke »Freiheit, Gleichheit und Brüderlichkeit« längst kein Revolutionsspruch mehr, der sich nur noch in den Annalen der europäischen Geschichte wiederfindet. Im Grunde ist es ein modernes Beziehungsprinzip, das in unseren Unternehmen zukünftig im gesamten Arbeitsprozess gelebt werden sollte. In diesem Sinne geht es um eine Neuentdeckung des Mitarbeiters als ersten Kunden in der digitalen, transformierten Welt. Die Führungskraft wird zum Partner und Coach des Mitarbeiters und ermöglicht ein Umfeld, in dem der Arbeitnehmer mit seinen Wünschen, Kompetenzen und Erwartungen Beachtung findet. Die Mission Mitarbeiter hat gerade erst begonnen. Und es ist für viele Unternehmen an der Zeit, auf diesen revolutionären Zug aufzuspringen, bevor sie im Eiltempo überholt werden, ohne sich ein Ticket gesichert zu haben. Springen Sie auf und lesen Sie in meinem neuen Buch *Herzenssache Mitarbeiter*, warum Sie sich ein Ticket oder besser noch gleich ein Abo sichern sollten. Denken Sie jetzt über Ihre Unternehmenskultur der Zukunft nach! Sind Sie bereit für eine Businesswelt, die mit den Augen des Mitarbeiters völlig neu bedacht werden muss?

Wenn Sie jemals eines meiner Bücher gelesen haben, dann wissen Sie, dass ich meine Thesen grundsätzlich mit Praxisbeispielen untermauere und mit zukunftsweisenden Unternehmen zusammenarbeite. Deshalb bin ich sehr stolz darauf, heute sagen zu dürfen, dass einer der erfolgreichsten Global Player Inspirationspartner für dieses Buch ist. Die Firma Dell hat – gemeinsam mit dem Bundesverband mittelständische Wirtschaft (BVMW), mit mir und dem gesamten Team Geffroy – die neue »Mission Mitarbeiter« auf den Weg gebracht. Sozusagen eine missionarische Koproduktion am Puls der Zeit.

Das Unternehmen Dell sieht eine neue Unternehmenskultur entstehen, und Dell folgt diesem Kurs nun in aller Konsequenz. Im Zentrum steht vor allem der Mensch in einer digitalen Welt. Der Arbeitsplatz der Zukunft ist ein völlig neuer geworden. Flexibilität zahlt sich jetzt für jedes Unternehmen aus. Die digitale Transformation ist wie ein Wirbelsturm über uns hinweggefegt und hat die gesamte Arbeitswelt erfasst. Wir sind mit allem und jedem vernetzt und haben ständig Zugang zu Informationen aus aller Welt. Der Mitarbeiter der Zukunft ist nicht mehr an Orte und Zeiten gebunden. Er ist flexibel und ihm stehen die nötigen Ressourcen überall zur Verfügung, auf mobilen Geräten und natürlich in der Cloud. Jetzt sind die Unternehmen gefragt. Unternehmen, die mitdenken und ihren Mitarbeitern Lebensmodelle anbieten, die Freiheit, Selbstbestimmung und Flexibilität nicht nur versprechen, sondern jedem einzelnen Mitarbeiter auch zusichern.

Ich freue mich, diese Mission gemeinsam mit Ihnen umsetzen zu dürfen. Folgen Sie uns und machen Sie Ihre Mitarbeiter zur Herzenssache.

In diesem Sinne wünsche ich Ihnen eine spannende und inspirierende Lektüre!

Herzlich,
Ihr Edgar K. Geffroy

Vorwort:
Durch Wertschätzung begeistern

Die Digitalisierung, diese große, umfassende, weltweite Vernetzung intelligenter Systeme, ist dabei, die Wirtschaft und damit auch unsere Gesellschaft umzuwälzen. Doch auch wenn schon überall darüber geredet wird: Wir stehen erst am Anfang einer Entwicklung mit großartigen, faszinierenden Innovationen – vom Connected Car über Maschinen wie Aufzüge, Turbinen oder Computertomografen, die noch im Einsatz mit dem Hersteller kommunizieren, bis hin zu komplett vernetzten Wertschöpfungsketten, die Lieferanten wie Kunden umfassen.

Fehlt da nicht etwas? Unverkennbar ist die Diskussion über Bedingungen, Möglichkeiten und Perspektiven der Digitalisierung sehr technisch ausgerichtet. Wir sprechen dabei über das Internet der Dinge, über Big Data, Cloud Computing, Industrie 4.0 und Mobility, vielleicht, wenn wir noch tiefer einsteigen, sogar über Server und Switches, über WLAN und Security. Aber wir sprechen nur selten über diejenigen, die das alles umsetzen: über unsere Mitarbeiter. Von ihrem Know-how und ihrer Kreativität, vor allem aber von ihrem Engagement und ihrer Begeisterung für die Digitalisierung hängt ab, ob das alles überhaupt so funktionieren wird, wie sich das die Strategen und »Evangelisten« am grünen Tisch vorstellen.

Dabei sind Arbeitnehmer auch ganz persönlich massiv von der Digitalisierung betroffen: Nicht nur die Arbeitsabläufe verändern sich tief greifend, mühevoll erworbenes Wissen wird überflüssig, langjährige Erfahrung obsolet. Flexibilität muss in ganz neuen Dimensionen gedacht werden. Die Mehrzahl der Arbeitsplätze, an denen wir in zehn Jahren arbeiten werden, wird erst noch erfunden. Das bedeutet einen enormen Anpassungsaufwand, der nicht ohne Reibungen zu bewältigen ist. Darauf müssen sich nicht nur die Arbeitnehmer selbst einstellen, sondern auch die Unternehmen.

Ein motiviertes, engagiertes Team war immer schon ein Wettbewerbsvorteil. In der Digitalisierung ist es eine grundlegende Voraussetzung, ohne die ein Unternehmen ein derart anspruchsvolles und umwälzendes Konzept nicht realisieren kann. Wir brauchen Mitarbeiter, die von den Möglichkeiten der Digitalisierung begeistert sind, aber wir können nicht darauf warten, dass sie vom Himmel fallen. Die Zeiten, in denen Unternehmen bei der Auswahl der Mitarbeiter aus dem Vollen schöpfen konnten, sind nämlich absehbar vorbei. Die demografische Entwicklung der letzten Jahrzehnte führt dazu, dass allein in Deutschland bis 2030 fünf bis acht Millionen Fachkräfte fehlen werden. Auch die Versäumnisse in der Bildung – beispielsweise der Mangel an Frauen in MINT-Studiengängen – lassen sich nicht kurzfristig ausgleichen. Schon die Aufrechterhaltung des Status quo wäre unter diesen Voraussetzungen eine Herausforderung, erst recht die große Transformation.

Deshalb ist der Wettbewerb um die besten Köpfe – der »War for Talents« – bereits entbrannt. Wer es nicht schon längst verstanden hat, den zwingen nun Digitalisierung und Demografie dazu: Die Unternehmen müssen ihr Verhältnis zu den Mitarbeitern neu definieren. Sie müssen eine »Mission Mitarbeiter« starten und sich dabei trauen, neue, unkonventionelle Wege zu gehen. So hat Dell im Plan 2020, in dem wir unsere Position in Umwelt und Gesellschaft definiert haben, der Mitarbeiterstrategie viel Raum eingeräumt: Es geht darum, ein attraktives Arbeitsumfeld zu schaffen, in dem die Teammitglieder ihr Potenzial entfalten, ihre Karriereziele erreichen und – ja, auch das! – Spaß haben können. Dazu gehört beispielsweise, sie zu unterstützen, wenn sie sich als verantwortungsvolle Bürger in ihrem gesellschaftlichen Umfeld engagieren. Wer nämlich engagierte

Mitarbeiter sucht, sollte wissen, dass man diese Haltung nicht an der Garderobe abgeben kann.

Es geht also um nicht weniger als eine neue, von Verantwortung und Begeisterung getragene Unternehmenskultur, in der sich Mitarbeiter umfassend unterstützt und wertgeschätzt wissen. In einer solchen Unternehmenskultur finden auch unterschiedliche und vor allem sich im Lauf der Zeit verändernde Lebensmodelle problemlos Platz: Mitarbeiter, die eine Familie aufbauen, Mitarbeiter, die Angehörige pflegen, Mitarbeiter, die auf ihre Karriere fokussiert sind. Auf diesem Kurs sind Unternehmen ganz automatisch auch für Kandidaten, für neue »beste Köpfe«, interessant.

Dass Mitarbeiter – wie übrigens auch schon die Kunden – im Mittelpunkt stehen, kann man natürlich überall lesen, davon sind die Selbstdarstellungen der Unternehmen voll. In der Ära der Digitalisierung müssen sie damit ernst machen, sonst verlieren sie den Wettbewerb um die Köpfe, auf die sie mehr denn je angewiesen sind – und im Anschluss zwangsläufig auch den Wettbewerb um die Kunden und die Aufträge. Eigentlich ist es ja ganz einfach: Wir brauchen eine Unternehmenskultur, die zur Digitalisierung passt, die genauso spannend und begeisternd ist. Und wir brauchen sie jetzt.

Herzlich,
Ihre Doris Albiez

Einleitung:
Auf nach oben

Eine Operation am offenen Herzen: So definieren die Brasilianer den 8. Juli 2014, den keiner von ihnen jemals vergessen wird. Mit 7 : 1 fegte das deutsche Team ihre heiß geliebte Seleção aus dem Stadion von Belo Horizonte – und erschütterte damit eine ganze Nation. Nur fünf Tage später folgte für die Mannschaft um den »getackerten« Bastian Schweinsteiger der Sieg im WM-Finale gegen Argentinien, was aus deutscher Sicht mehr als gerecht war, denn schließlich heißt »argentum« auf Deutsch »Silber«. Und nun Hand aufs Herz: Wer von uns wäre in diesen unvergesslichen Momenten nicht gern Teil des Teams gewesen? Alle Turnierhürden wurden sportlich genommen, und am Ende war der Erfolg aus Sicht der Experten nur ein Produkt der Logik: Mit der richtigen Mischung aus bewährten deutschen Tugenden und einem guten Schuss Diversity – Boateng, Özil, Khedira, Klose und Co. sei Dank – konnte es eigentlich gar nicht schiefgehen. Ein Betriebswirt würde es vermutlich trockener formulieren: Das Unternehmen DFB hat das Projekt Weltmeisterschaft erfolgreich zum Abschluss gebracht und das bereits vor der Qualifikation gesteckte Quartalsziel erreicht.

Sport und Business haben eine Menge gemeinsam, und deshalb können wir hervorragende Parallelen erkennen. Teamarbeit kann hier wie dort nur zum Erfolg führen, wenn die richtigen Leute im Boot sitzen. In beiden Fällen zählen am Ruder aber nicht nur Filigrankompetenzen und Schlüsselqualifikationen, sondern auch soziale Fähigkeiten. Denn wenn die Chemie nicht stimmt, nutzt auch das schönste Zeugnis nichts. Doch vergessen wir bei all dem Jubel die Führungsebene nicht – schließlich hat sie die Aufgabe, die für den Erfolg erforderlichen Rahmenbedingungen zu schaffen. Nur wenn der Rücken frei ist, kann sich die Mannschaft am Point of Sale auf das Kerngeschäft konzentrieren.

Dieselben Businessstrategien wenden die Spitzenklubs der Liga an – allen voran der FC Bayern München, der allen Erfolgen zum Trotz immer mehr Geld in die Position des Trainers investiert. Verallgemeinern wir die Frage: Warum arbeiten alle Sportler, die nicht nur Weltklasse, sondern bereits zu Lebzeiten Legenden sind – Muhammad Ali, Roger Federer, Tiger Woods, Serhij Bubka, Usain Bolt –, weiterhin mit einem Coach zusammen? Weil sie wissen, dass es noch höhere Ziele gibt. Weil sie von Rekorden träumen, die sie aus eigener Kraft nicht erreichen können. Weil ihnen klar ist, dass noch höhere Level in ihrer speziellen Disziplin möglich sind und dass ihre Fähigkeiten von Blickwinkeln und Kompetenzen profitieren, die auf Know-how und Menschenkenntnis beruhen – und dass nur ein erfahrener Trainer das alles liefern kann. *Mach mich nur ein Prozent besser als letztes Jahr, dann bin ich der Konkurrenz auch weiterhin voraus.*

Die richtigen Führungskräfte mit den richtigen Mitarbeitern zusammenbringen: Für dieses Ziel arbeiten beim FC Bayern rund 25 Talentscouts. Das sind fünf Prozent der rund 500 Mitarbeiter umfassenden Aktiengesellschaft. Welche Quote können Sie in Ihrer HR-Unterabteilung Personalsuche vorweisen?

Die besten Spieler der besten Vereine dieser Welt sind zweifelsohne High Potentials, und zu deutlich über 90 Prozent gehören sie zur Generation Y, den »Millennials«. Die Arbeitgeber werben um sie, und wer mit lukrativen finanziellen und sportlichen Angeboten bezirzt wird, kann sich seine nächste Station im Berufsleben selbst aussuchen. Da zählen für die einen nur große Namen, für die anderen in erster Linie die Fragen »Passe ich ins Team?« »Könnte ich mir zwei oder mehr Jahre an der Seite des aktuellen Kaders vorstellen?«. Nicht jeder ist extrovertiert und kommt mit einem Selbstdarsteller wie Cristiano Ronaldo zurecht, und auch ein Alphamännchen wie

Zlatan Ibrahimović ist nicht jedermanns Traumpartner, mögen beide auch zur sportlichen Elite zählen. Dann schon eher den gemäßigten Messi, dessen Ego auf den ersten Blick unterhalb seiner Körpergröße liegt. Oder einen bodenständigen und authentischen Thomas Müller, dem der Spaß an der Arbeit bei jedem Interview anzusehen ist.

Bei der Jobsuche hat der Fußballer seinem Businesspendant eine ganze Menge voraus. Bereits vor der Unterschrift unter den Arbeitsvertrag kennt er einen Großteil seiner Teamkollegen, was große und somit böse Überraschungen von vornherein ausschließt. Ein Bewerber im Businessbereich wird in der Regel eher nicht in den Genuss dieses besonderen Vorteils kommen, denn auf eine entsprechende Datenbank hat er leider keinen Zugriff. Es sein denn, das Unternehmen bietet ihm diesen Luxus auf anderem Weg. Dazu muss es allerdings die über Jahrzehnte ausgetretenen Pfade des Recruitings verlassen. So wie Sincerely, ein Start-up aus San Francisco. Sincerely ist ein Geschenke-Netzwerk, eine Onlineplattform, die es ermöglicht, Geschenke via Smartphone zu versenden. Mit der Postagram-App beispielsweise lädt man Urlaubsbild und Grußtext auf den Unternehmensserver, die dann als echte Postkarte auf die Reise gehen. Der Empfänger kann das Foto aus der Karte heraustrennen und seiner analogen Sammlung hinzufügen. Das alles für unglaubliche 99 Cent für Ziele innerhalb oder 1,99 Dollar außerhalb der USA, Porto bereits inklusive. Matt Brezina, CEO und Gründer der Plattform, hat sich etwas Besonderes für neue Mitarbeiter ausgedacht: Mit dem gesamten Team verbringt er entspannende »Workations« in Mexiko. Dort wird ein paar Tage mit dem neuen Mitarbeiter in ungezwungener Atmosphäre – gern auch am Strand – gearbeitet. Es wird aber auch viel gelacht, und so entsteht bereits nach kurzer Zeit eine durchaus familiäre Beziehung. Der neue Mitarbeiter ist deutlich schneller Teil des Teams – und erhält gleichzeitig den Impuls zu bleiben.

Zeiten ändern sich. Das war schon immer so, aber es geschah noch nie zuvor in diesem Tempo. Grund dafür ist die sich immer schneller entwickelnde Informationstechnologie, weshalb der Ausdruck »Zeiten ändern sich« längst durch die Bezeichnung »digitaler Wandel« ersetzt wurde. Wer mit dem Wandel Schritt halten möchte, muss nicht nur Fahrt aufnehmen, sondern sich auch selbst wandeln. Zumindest die Bereitschaft dazu sollte vorhanden sein. Sehen wir es sportlich: Vermutlich würden die Weltmeister von 1954 gegen jede aktuelle Drittligamannschaft verlieren. Und Björn Borg auch gegen die Schlusslichter der derzeitigen Top 100. Menschen und Muskeln ändern sich nicht so schnell. Solche Prozesse können Jahrzehnte in Anspruch nehmen. Technologie hingegen ändert sich rasant. Das liegt daran, dass der menschliche Körper sich zu immer neuen Höchstleistungen im wahrsten Sinne des Wortes quälen muss, und das funktioniert nun mal nur in kleinsten Schritten. Körper stoßen immer wieder an Grenzen. Technologie hingegen entsteht in Köpfen. Und weil wir davon mittlerweile besonders viele helle haben und der Nachwuchs diesbezüglich – gerade im IT-Bereich – gut aufgestellt ist, ist das Tempo ein höllisches. Das viel gepriesene »Go with the Flow« hat ausgedient – die »Fast Lane« ist der Ort, wo sich Wandel in Erfolge verwandelt. Und weil parallel zur Beschleunigung auf der Überholspur auch ein Generationenwechsel in den Unternehmen stattfindet, ergeben sich neue Fragen: Wie finde ich Mitarbeiter, die dieses Tempo mitgehen und halten können? Oder noch besser: Wie finde ich die wenigen, die das Tempo sogar vorgeben können? Und wie motiviere ich eigentlich solche Ausnahmetalente? Mit welchen Mitteln unterbinde ich einen »Vereinswechsel«? Und warum sitzen der Leiter meiner IT-Abteilung und mein Personalchef eigentlich nie an einem Tisch – von der Weihnachtsfeier einmal abgesehen? Viele Fragen pflastern den Weg in die Zukunft. Wir nehmen uns in diesem Buch acht Kapitel Zeit, all diese Fragen zu beantworten.

Der digitale Wandel sorgt nicht nur für neue Ziele, sondern beeinflusst auch unsere Art zu arbeiten und zu denken: der »Connected Workplace« – maßgeschneidertes Arbeiten auf der Basis von Mobilität und Flexibilität – verbreitet sich rasant. Die Mitarbeiter der Zukunft, die in der digitalen Welt aufgewachsen sind, stehen längst auf der Gehaltsliste. Es ist die Generation Y, die kritischer, anspruchsvoller, qualifizierter und vernetzter ist als alle Generationen davor. Motivation saugt diese Generation aus Selbstverantwortung, Herausforderung und Wertschätzung. Das Internet ist längst Teil ihrer DNS. Deshalb möchte die junge Generation all seine Vorzüge auch während der Arbeitszeit nutzen. Arbeit dient den neuen Jahrgängen in der Belegschaft in erster Linie nicht mehr der Sicherung von Nahrung und Wohnraum, sondern – Maslow lässt grüßen – mehr und mehr der Selbstverwirklichung. Wertvolle Zeit soll nicht in langweiligen Firmen sinnlos verschwendet werden. Zudem macht der demografische Wandel den hoch qualifizierten Mitarbeiter zu einer aussterbenden Spezies. Allein in Deutschland werden im Jahr 2030 entwicklungsabhängig zwischen fünf und acht Millionen Fachkräfte fehlen. Nur zehn Prozent davon lassen sich durch Erhöhung des Rentenalters und Zuwanderung wettmachen. Die Folge: Unternehmen müssen sich ab sofort bei den Mitarbeitern bewerben, und die Unternehmen mit dem höchsten Digitalisierungsgrad gewinnen. Das ist der Wirtschaft weltweit seit vielen Jahren bekannt, doch niemand hat sich wirklich auf dieses Szenario vorbereitet. Ebenso wenig wie auf die Tatsache, dass 2020 – zum ersten Mal in der Geschichte – fünf Generationen gleichzeitig die Belegschaft bilden. Hier sind Konflikte und nie gekannte Herausforderungen vorprogrammiert, aber auch unglaubliche Chancen.

Konflikte ganz anderer Art bietet auch der »War for Talents«. Hier kämpfen Unternehmen nicht nur gegeneinander, sondern auch mit einer neuen internen Rollenverteilung. Waren die Lager früher klar in Führungskräfte und Mitarbeiter aufgeteilt, findet seit einiger Zeit eine fortschreitende Verschmelzung statt. Durch smarte Anpassung von Führungsstilen müssen Manager lernen, sich gleichzeitig als Mitarbeiter und als Mitarbeitercoach zu verstehen. Und sie müssen erkennen, dass Mitarbeiter sogar ein Leben jenseits der Werksmauern führen, wo sie sich intensiv dem Thema Work-Life-Balance widmen. Auf der anderen Seite streben Mitarbeiter ein ständig wachsendes Maß an Verantwortung an, um dem Medium Arbeit einen höheren Lebenssinn zu geben. Sie motivieren und managen sich längst selbst, und was sich anhört wie eine Revolution, ist eigentlich nur ein logisches Nebenprodukt des Wandels. Die Unternehmen müssen sich diesen Veränderungen stellen – und sich zwangsläufig anpassen. Am Ende müssen sie auch akzeptieren, dass der Triumph des Mitarbeiters unumkehrbare Realität wird, denn bereits heute ist der Mitarbeiter der erste Kunde seines Unternehmens.

In den letzten Jahrzehnten meiner Arbeit als Keynote Speaker und Unternehmensberater wurde ich häufig als Visionär bezeichnet. Laut Definition des Dudens bedeutet das »prophetisch, seherisch, vorausschauend und weitblickend«. Ich bin darauf sehr stolz, wenn ich das sagen darf. Zumindest hat mein Clienting®-Konzept in der Praxis bewiesen, dass visionäres Denken zu großartigen Erfolgen führen kann. Clienting® beweist aber auch, dass man Kunden heute nur über engagierte Mitarbeiter findet und bindet – und die rücken aufgrund des demografischen und technologischen Wandels mehr und mehr in den Mittelpunkt unternehmerischer Strategien. Mein »Clienting® Inside«-Konzept stellt alle Werkzeuge zur Verfügung, die Unternehmen künftig benötigen, um die Bindung zu den Mitarbeitern und den Anschluss an Märkte und Kunden nicht zu verlieren.

In diesem Buch haben wir die bevorstehenden Herausforderungen der Unternehmen identifiziert und Lösungsmöglichkeiten erarbeitet. Auslöser war die Idee, mein »Clienting® Inside«-Konzept und die Visionen der Firma Dell zu verknüpfen, um insbesondere die Position des Mittelstands vor dem Hintergrund der digitalen Transformation zu stärken. Völlig verschiedene Blickwinkel tauchen intensiv in eine Gedankenwelt ein, die trotz digitaler Revolution den Menschen im Mittelpunkt sieht. Denn es sind die Mitarbeiter, nicht die Produkte und Dienstleistungen, die künftig über Erfolg oder Untergang eines Unternehmens entscheiden. Deshalb sollten wir uns einer Tatsache stets bewusst sein: In Bezug auf die Arbeitswelt der Zukunft machen Computer und Maschinen vieles immer einfacher. Das Einzige, was in diesem System heute noch kompliziert ist, ist der Mensch, denn er muss sich in der neuen Welt, die er selbst erschaffen hat, zurechtfinden und das tun, was in der Geschichte immer die größte Herausforderung war: Er muss sich anpassen. Dieses Mal hat er allerdings die Gelegenheit, dieses Anpassen zu steuern.

Es gibt unendlich viele Bücher über Unternehmenserfolge aus unterschiedlichsten Branchen. Wir gehen mit diesem Buch einen neuen Weg, denn wir setzen die Inkompatibilität der viel gepriesenen Erfolgsmodelle der anderen mit Ihrem Unternehmen voraus und fokussieren stattdessen auf die Entwicklung unternehmenseigener und somit maßgeschneiderter Lösungen. Dabei stellen wir die wechselseitigen Beziehungen zwischen Mitarbeitern, Führungskräften und Unternehmen in den Mittelpunkt. Die beim gemeinsamen Brainstorming entstandenen losen Gedankenfragmente – Codeschnipsel, um in der Sprache der digitalen Welt zu bleiben – haben wir thematisch kategorisiert. Machen Sie sich beim Lesen Gedanken darüber, wie sehr unsere Thesen und Fragen Ihr Unternehmen verändern und am Ende bereichern könnten. Wir versorgen Sie zu diesem Zweck mit zahlreichen Fallbeispielen und inspirierenden Blickwinkeln auf den modernen Mitarbeiter, die Führungskraft von morgen und nicht zuletzt auf die bunte Welt mit dem Namen Diversity. Wir legen Finger in Wunden und nennen Dinge beim Namen, denn wir möchten anschaulich erklären, wie Sie mithilfe neuer Techniken und Technologien den Menschen in den Fokus Ihres Handelns stellen und die dabei entstehenden Hürden in Chancen verwandeln – und warum das nur dann gelingen kann, wenn Sie den Mitarbeiter auch tatsächlich zur Herzenssache machen.

1. Recruiting heißt verblüffen – der Weg in die Bestenliste

Die Welt lebt nach Listen, denn Listen geben uns Informationen, Perspektiven, Halt und Hoffnung. Vor allem aber geben sie uns Orientierung, und genau das ist der Grund, warum wir sie geradezu lieben. Viele von uns pflegen beispielsweise eine sogenannte persönliche To-do-Liste – in der digitalen Welt, in der Mensch und Maschine immer näher zusammenrücken, natürlich auf dem Smartphone. Dort haben wir die Dinge katalogisiert und kategorisiert, die wir im Leben noch erreichen und kennenlernen möchten: 50 spektakuläre Orte, die im Urlaub oder im Ruhestand unbedingt noch bereist werden müssen, frei nach dem Motto »Die Welt ist nicht genug«; 100 magische Momente – Konzerte, Musicals und Filme, die unbedingt noch besucht, erlebt oder konsumiert werden müssen; 20 Autos, die man im Leben unbedingt einmal gefahren haben muss. Jeder hat bekanntlich etwas, das ihn antreibt, und jeder einzelne Haken in einer solchen Liste ist ein weiterer Schritt Richtung Erfüllung und Selbstverwirklichung. Genau deshalb lautet der letzte Punkt einer solchen Liste in der Regel »neue Liste erstellen«. Wenn unsere Liebsten nach unserem vorzeitigen Dahinscheiden diese Liste finden und den aktuellen Stand auswerten, wissen sie exakt, zu welchem Prozentsatz unser Leben ein glückliches war. Sie haben es schriftlich, wo sie uns mehr oder weniger absichtlich Steine in den Weg gelegt haben. Ein letzter Gruß ans Gewissen. In Listenform.

Das Morgen planen, lange bevor das Jetzt vorüber ist. Unsere private Welt ist längst genauso verplant und hektisch wie unsere Businesswelt, und ein Fünfjahresplan wird unter diesem Gesichtspunkt zum Symbol für Entschleunigung, zum Strohhalm im Stressozean. Listen sind etwas für den Planer in uns, aber sie befriedigen in gleichem Maße auch unseren inneren Träumer. Doch noch einmal Hand aufs Herz: Wäre das Leben nicht viel spannender, wenn wir heute noch nicht wüssten, wo wir in fünf Jahren sein werden? Die latenten Gefahren einer solchen Liste sind offensichtlich: Wer sich zu sehr auf zu viele Ziele konzentriert, wird irgendwann den Flug dorthin verpassen; wer seinem Leben frühzeitig ein Drehbuch verpasst, macht das Wort »lebenslänglich« zu einem ganz persönlichen Lebensattribut. Man ist mit jeder Faser auf die früh gesteckten Ziele fokussiert – und mit einem Mal nicht mehr frei für das Spontane. »Schatz, lass uns doch dieses Jahr auf die Malediven reisen.« – »Die Malediven stehen aber nicht auf meiner Liste.« – »Dann mach doch einfach einen weiteren Eintrag. Sie gehen bald unter.« – »Dann ist es aber nicht mehr *meine* Liste, sondern auch *deine*.«

Vielleicht pflegen Sie auch eine solche Liste – vielleicht sind Sie aber auch Unternehmer. Dann interessieren Sie sich möglicherweise für andere Headlines: »Die zehn größten …«, »Die 20 reichsten …« oder »Die 50 besten …«. Solche Listen sind ebenfalls Orientierungsinstrumente, denn sie sind Messlatten für den eigenen Stellenwert. Falls Sie nicht nur Unternehmer, sondern auch Arbeitgeber sein sollten: Zahlreiche Listen im Internet informieren jedes Jahr aufs Neue darüber, welche Arbeitgeber in Deutschland zu den beliebtesten zählen. Diese Listen lesen sich – wen wundert's? – wie ein Who's who der deutschen Wirtschaft, angeführt von den erfolgreichen Automobil- und Technologiekonzernen. Diese Listen haben nur einen Haken, der wehtut: Sie basieren laut Kleingedrucktem in der Regel auf einer Umfrage unter Studenten. Mit anderen Worten: Befragt wurden ausschließlich Personen, die noch nicht einen einzigen Tag in diesen Unternehmen gearbeitet haben, von einem Praktikum vielleicht abgesehen (was aber nicht im Entferntesten zu einem fachmännischen Urteil über Arbeitgeberqualitäten befähigt). Verstehen Sie mich nicht falsch: Natürlich sind das Topfirmen mit unglaublicher Innovationskraft. Nichts liegt mir ferner, als sie zu kritisieren. Meine Kritik richtet sich einzig und allein an die Urheber solcher Listen. Wir werden täglich geflutet von Informationen, dürfen aber nicht verlernen, auch die Quellen zu bewerten. Tatsächlich ist das Studienbarometer ein Ranking von Unternehmen, bei denen die Befragten liebend gern Teil des Dream-Teams *wären*. Und das nur, weil es momentan »hip« und »State of the Art« ist, wenn man auf die Frage »Wo arbeitest du?« mit »Bei Apple«, »Bei Google« oder »Bei Porsche« antworten kann. Zwar ist der intensive Wettbewerb um die vielversprechendsten Fachkräfte (in der provokativen Sprache der Medien heißt dieser Prozess »War for Talents«) in vollem Gange, aber die Bewerber sind durchaus zu Abstrichen bereit, wenn hinterher das Logo auf der Visitenkarte stimmt. Sollte Ihr Unternehmen nicht auf dieser Liste zu finden sein, könnten Sie auf die brillante Idee kommen, dass Sie doch eigentlich dorthin gehörten. Schließlich sind all Ihre Mitarbeiter höchst zufrieden mit ihrer Position und Ihre Gesellschaft genießt in Ihrer Region einen exzellenten Ruf als Arbeitgeber. Schon beim Recruiting geben Sie alles: Der Bewerber kann beim Vorstellungsgespräch aus einer bunten Vielfalt an Softdrinks wählen, und selbst Heißgetränke sind bei der Vorzimmerdame bestellbar. Nach der Unterschrift unter dem Arbeitsvertrag steht dem Bewerber der Qualitätskaffee aus der Flurmaschine am »Coffee Point« für unschlagbare 50 Cent zur Verfügung. Und das 13. Monatsgehalt oder die Weihnachtsgratifikation sind in Ihrem Unternehmen sowieso bereits seit Jahren Basis – wenn nicht sogar Garant – für die Motivation im Folgejahr.

Doch Spaß beiseite: Wer sich selbst in die Bestenliste katapultieren will, muss heute deutlich mehr liefern als den Standard, denn Standard ist minderwertig. Diese Gleichung haben uns die Unternehmen mit ihren Werbebotschaften über Jahrzehnte eingehämmert. Superior Recruiting ist heute gefordert. In Sachen Mitarbeiter ist das Recruiting bekanntlich der Anfang von allem. Doch auch das Recruiting hat standardmäßig einen Haken, der leider allzu oft übersehen wird: die Statistik. Denn Statistiken blenden. Personalchefs glänzen in Meetings mit der Geschäftsleitung immer wieder mit beeindruckenden Zahlen: »In diesem Jahr haben sich 87 Prozent aller eingeladenen Bewerber, die wir nach dem Vorstellungsgespräch für einen bestimmten Job favorisiert haben, am Ende auch tatsächlich für uns entschieden. Das sind zwei Prozentpunkte mehr als im Vorjahr.« Was allzu oft übersehen wird: Die Topkandidaten, die Ausnahmetalente unter den High Potentials, setzen gar nicht erst einen Bewerberfuß in diese Unternehmen. Soll heißen: Aus dem gesamten zur Verfügung stehenden Bewerberpool eines Jahrgangs erhalten die meisten mittelständischen Unternehmen nur den Kaffeesatz. Die Crema landet auf der Gehaltsliste der Top 10. Das ist fast schon ein Naturgesetz. Das war schon immer so, und so wird es auch immer bleiben. Es sei denn, Sie ändern die Regeln. Zum Beispiel wie folgt.

Recruiting: Eine Frage der Einstellung

Wenn »begeistern« der Standard ist, dann ist »verblüffen« die Steigerung, mit der Sie bei Ihren Wunschkandidaten punkten können. Leider scheitern die meisten Unternehmen bereits an der Begeisterungshürde. Für solide Personalpolitik halten die meisten das, was seit Jahrzehnten zu funktionieren scheint. »Never change a running system«, skandieren sie – und schlussfolgern mit der Frage »Wo lässt sich besser sparen als bei den Mitarbeitern und denen, die es einmal werden möchten?«. Doch denken wir weiter. Ab einer gewissen Qualifikation (ab einem gewissen Gehaltsniveau, wenn Sie so wollen) sind Mitarbeiter nicht mehr austauschbar – zu hoch ist die Investition in Zeit und Ausbildung, bis die Position wieder optimal besetzt ist. Auf der anderen Seite gilt: Ab einer gewissen Qualifikation vertrauen Arbeitnehmer auf Jobsuche eher Headhuntern, Personalberatern und anderen Experten; sie sind nicht mehr bereit, die klassischen Stellenangebote in der Tageszeitung zu durchforsten, die ja mehr und mehr zu Imageanzeigen mutieren. »Werden Sie Teil eines dynamischen Teams« lockt dynamische High Potentials genauso wenig, wie »Voraussetzung: Teamfähigkeit« die nicht Teamfähigen von einer Bewerbung abhält. Floskeln und abgedroschene Phrasen, so weit das Bewerberauge reicht. Bewerber sind immer auch gleichzeitig Kunden, und Kunden sind nicht dumm – dank der fortschreitenden Digitalisierung, die unsere Welt jeden Tag ein bisschen mehr vernetzt und sie dadurch gleichzeitig transparenter macht.

Abgelöst wurde die Stellenanzeige längst durch einen Menüpunkt in der Navigation von Webseiten mit der Aufschrift »Karriere«. Doch auch hier scheinen die Texte branchenübergreifend mit »Copy and paste« dupliziert worden zu sein, denn alles, was dort steht, ist nahezu eins zu eins austauschbar. Wer einen kennt, kennt sie alle. Niemand kommt auf die Idee, die Marketingabteilung in solche Präsentationskonzepte einzubinden. Moment – Ihre Marketingabteilung hat diese Texte erstellt? Dann sollten Sie sich schämen und einen Blick auf die kreativen Recruitingideen werfen, die jenseits des großen Wassers dafür sorgen, dass auch kleine, unscheinbare Unternehmen den Löffel in die Crema tauchen dürfen. Oder Sie greifen auf die Kompetenz zurück, die hierzulande Ideen generiert, die den gewünschten Effekt erzielen. Ich sage immer: Die besten Ideen entstehen, wenn man bestehende Ideen aufgreift und diese dann weiterdenkt, indem man sie auf die eigenen Bedürfnisse zuschneidet und optimiert. Doch bevor wir uns Gedanken darüber machen, wie Sie »Employer of Choice« werden und die Topleute in Ihr Unternehmen locken, sollten wir Sie und Ihr Unternehmen optimal darauf vorbereiten, diese auch zu halten. Zäumen wir das Pferd also von hinten auf. Um die Logik begreiflich zu machen, nutzen wir das gute alte Auto als Vergleichsmodell. Sie möchten ein Auto kaufen, und weil Sie ein Unternehmer sind, der die Ratschläge des Steuerberaters befolgt, entscheiden Sie sich für die Leasingvariante. Um Ihren Ansprüchen zu genügen und Ihr Unternehmen nach außen hin angemessen zu repräsentieren, wählen Sie ein Modell der Luxusklasse aus Bayern oder Baden-Württemberg. Das Fahrzeug ist ab dem

Tag der Zulassung Ihr neuer Mitarbeiter: eine dynamische Spitzenkraft mit viel Power unter der Haube. Dafür zahlen Sie als Gegenleistung der Leasinggesellschaft eine Leasinggebühr, also ein monatliches Gehalt. Obwohl alles, was Sie über die künftigen Qualitäten des Fahrzeugs wissen, aus einem Hochglanzprospekt (sprich: Bewerbungsmappe) und bestenfalls aus einer kurzen Probefahrt stammt, sind Sie bereit, eine üppige Leasingsonderzahlung zu leisten und sich für Jahre zu binden. Sie investieren also nicht nur viel Geld, sondern leisten auch einen erheblichen Vertrauensvorschuss. Aber was investieren Sie tatsächlich vorab in einen Mitarbeiter? Von dem Kaffee, dem Mineralwasser, dem kostenlosen Parkplatz und Ihrem Händedruck abgesehen? Sie zahlen ihm *hinterher* ein üppiges Gehalt und Sie machen es mit einem Lächeln, weil er das Vielfache wieder hereinholt. Doch was tun Sie für einen Bewerber, damit er sich auf Anhieb bei Ihnen wohlfühlt? Konzentriert gefragt: Was könnte den Bewerber im Verlauf des Bewerbungsgesprächs dazu bewegen, seine eigentlich schon getroffene Entscheidung noch einmal zu überdenken, zu revidieren – und es tatsächlich mit Ihnen zu versuchen?

Lassen wir Fakten sprechen: Die meisten Bewerber, die irgendwann zu Mitarbeitern werden, sind nicht die Inder und Israelis, die an der amerikanischen Ostküste oder im Silicon Valley studieren. Ihre Mitarbeiter rekrutieren sich auch in Zeiten, in denen das Thema Diversity die Unternehmen und die Wirtschaftsteile der überregionalen Tageszeitungen gleichermaßen flutet, zum größten Teil aus Ihrer Region, aus Ihrer Nachbarschaft. Wenn Sie dieses Buch gerade auf dem iPad im Starbucks lesen, schauen Sie kurz auf: Der junge Mann dort drüben, der sich lässig mit seinem Iced Caramel Macchiato in den Sessel fläzt, könnte Ihr nächster Mitarbeiter sein, Ihr neues Supertalent. Vielleicht ist er der Sohn des Nachbarn Ihres IT-Leiters. Vielleicht hat er tatsächlich in Stanford studiert und dort als Jahrgangsbester abgeschlossen. Unterschätzen Sie bitte niemals die Mund-zu-Mund-Propaganda: Wenn Ihr IT-Leiter beim Straßenfest Werbung für Ihr Unternehmen macht und dem Sohn seines Nachbarn aus erster Hand erklärt, warum sich gerade sein (Ihr) Unternehmen für eine Karriere empfiehlt, ist das wertvoller als jeder Hochglanzprospekt und jede Website. Es schlägt sogar Foren und Facebook, denn Vertrauen ist der Anfang von allem, besonders der Anfang von Beziehungen.

Wir leben in einer Welt, die aufgrund von Mobilität und Digitalisierung immer kleiner wird. Reisen ist des Menschen liebstes Hobby, und fremde Kulturen üben eine magische Anziehungskraft auf uns alle aus. Wir lieben Vielfalt in all ihrer Vielfältigkeit, und deshalb auch Diversity, aber am meisten lieben wir unsere Heimat und unsere Identität. Das modische Schlagwort »Authentizität« hat eine Menge damit zu tun. Auch wenn Google in Kalifornien deutlich mehr Ausrufezeichen setzen kann, so punktet doch nichts so sehr wie der Faktor Nähe. Ein intaktes Familienleben, einen lieb gewonnenen Freundeskreis und den Partner, der seinen heiß geliebten Job vor Ort nicht aufgeben möchte: Es gibt unzählige Gründe, die junge Menschen daran hindern, Wurzeln auszureißen. Geborgenheit ist Sicherheit und neben dem Smartphone immer noch ein Grundbedürfnis. In der Regel sind Omas Spätzle stärker als jedes Fernweh, und wer schon einmal im Silicon Valley nach einer schicken Zweizimmerwohnung in Google-Nähe gesucht (sprich: gegoogelt) hat, der weiß, dass im Land der unbegrenzten Möglichkeiten auch Möglichkeiten ihre Grenzen haben.

Apropos Wohnung …

Wer in Deutschland sein Haus oder seine Wohnung verkaufen möchte, geht zum Immobilienmakler seines Vertrauens. Nach dem Auszug und der Räumung können die Kaufinteressenten die nackte Immobilie besichtigen. Anders in den USA: Dort führt der Weg bereits seit den Siebzigerjahren in der Regel zuerst zum Home Stager. Der bereitet das Haus optisch für den Verkauf vor, mit dem Ziel, die Immobilie für eine möglichst große Zahl von Interessenten attraktiv zu machen: Wände werden gestrichen, Lichtstimmungen erzeugt und Leihmöbel mit innenarchitektonischem Feingespür an den richtigen Stellen platziert. Derart zurechtgemacht, verkauft sich das Objekt nicht nur zu einem deutlich besseren Preis (sechs Prozent bis 20 Prozent Wertsteigerung sind üblich), sondern auch deutlich schneller (um bis zu 50 Prozent). Berücksichtigt man die Kosten für das Home Staging, bleibt immer noch ein stattlicher Gewinn, der zudem deutlich früher auf dem Konto landet. Selbst die Objekte in den Toplagen von Manhattan nutzen diesen Service: Wenn eine Penthouse-Wohnung statt 20 Millionen 24 Millionen bringt, ist das deutlich mehr Rendite, als die Wall Street zu bieten hat. Spätestens seit 2010, dem Jahr der Gründung des Dachverbands Deutsche Gesellschaft für Home Staging und Redesign e. V., hat sich das System auch in Deutschland etabliert.

Seit 2012 ist Gabriele Jansen aus Recklinghausen Home Stagerin. Nach 20 Jahren im Marketing war es an der Zeit, etwas Neues zu versuchen. Sie wagte die Selbstständigkeit, gründete ihre Agentur feinrichten (www.feinrichten.de) und machte sich in kurzer Zeit einen Namen als kompetente Expertin für emotionales Immobilienmarketing, was sowohl 2014 als auch 2015 mit dem Home Staging Award belohnt wurde. Vor zwei Jahren adaptierte sie das Home-Staging-System auf den Businessbereich, nannte es schlicht und einfach (aber treffend) »Business Staging« und hält mittlerweile sogar Seminare und Vorträge zum Thema. Sie macht das, wovon Mitarbeiter träumen: Sie verwandelt graue Arbeitsplätze und Bürowüsten in Naherholungsgebiete. Selbst mit kleinstem Budget gelingt es ihr, ganz besondere Wohlfühlwelten zu erschaffen. Sie kennt die Macht von Licht und Farbe und versteht es, Arbeitsplätze so zu gestalten, dass sie nicht nur wenigen, sondern allen gefallen. Dort, wo die Unternehmensfarben das Corporate Design repräsentieren müssen, zum Beispiel in Empfangsbereichen, setzt sie eher unauffällige Akzente und mehr Wert auf Symbole der Unternehmensphilosophie. In Meetingräumen und Rückzugsgebieten erzeugt sie Stimmungen, die mit den unterschiedlichen

Einfallswinkeln des Tageslichts spielen oder mit charakterstarken, aber nicht aufdringlichen Farben. Unter Berücksichtigung der psychologischen Aspekte verkürzt sie mit einfachen Tricks lange Flure, steuert störenden Schall und erschafft dank ihrer außergewöhnlichen Kreativität nicht nur neue Lebensräume für Mitarbeiter, sondern holt en passant auch aus Verkaufsräumen alles raus, was Kunden begeistern könnte. Gabriele Jansen nennt das Ergebnis treffend den »Wo muss ich unterschreiben?«- Effekt. Das Beste am Business Staging: Wer die Finessen der Gestaltung bereits beim Neubau berücksichtigt, kann die Kosten für solche Arbeitsplatzoptimierungen noch vor dem Einzug amortisieren. Schließlich müssen Mobiliar, Wände, Fußböden und Licht jeden Raum schmücken. Wer gleich das Richtige wählt, macht seine Mitarbeiter von Beginn an nicht nur entspannter, sondern auch deutlich leistungsfähiger und entwickelt so nebenbei den überzeugendsten Botschafter für die eigene Firmenphilosophie.

Ich denke, die Logik gibt Gabriele Jansens Geschäftsmodell recht: Wer täglich zehn Stunden am Arbeitsplatz verbringt, möchte sich bedingungslos wohlfühlen. Und wer zum Vorstellungsgespräch kommt, genießt ohne jeglichen Mehraufwand von Arbeitgeberseite denselben Luxus. Wer dann noch auf Bildschirmen oder gar gedruckten Medien seinen Namen liest, empfindet Wertschätzung, lange bevor der Personalchef das erste Wort gesagt hat. Vorschuss schmeichelt schließlich jedem.

Die besten Mitarbeiter sind immer die, die sich selbst einstellen

Der Wandel macht auch vor den Türen der Personalabteilung nicht halt. Wir denken sogar, dass gerade in diesen Köpfen der größte Wandlungsprozess stattfinden muss. Galt früher die Gleichung »Gib mir deine Zeit und deine Arbeitskraft, dann geb ich dir etwas von meinem Geld«, hat die Digitalisierung den Spieß umgedreht. Immer mehr entscheiden Kopfarbeiter über den Unternehmenserfolg, und sie denken auch anders über das Arbeiten selbst. Und auch darüber, wer eigentlich wen begeistern muss. Wenn Personalchefs die Kreativität fehlt, neue Ideen zur Mitarbeitergewinnung zu generieren, lohnt sich ein Blick auf die Kreativität der Mitarbeiter. Während sich die Bewerbungsmappen von Millionen von Handwerkern, Büro- und Industriekaufleuten gleichen wie ein Ei dem anderen (und die Urheber sich hinterher beschweren, dass sie sich die Finger wundschreiben und nach über 70 Bewerbungen immer noch keine Einladung zu einem Vorstellungsgespräch erhalten haben), beschreiten High Potentials außergewöhnliche Wege des Denkens, um an den Job ihrer Träume zu kommen.

Tristan Walker ist ein solcher Denker. Nach vier endlosen Jahren als Wertpapierhändler bei J.P. Morgan und Lehman Brothers an der Wall Street – oh ja, er hasste diesen Job – dachte er über Selbstständigkeit nach, doch ihm fehlte die ganz große, die zündende Idee. Also zog er 2008 erst einmal von New York nach Kalifornien – und ließ sich vom Silicon-Valley-Fieber anstecken. Kein Wunder, denn an der Stanford University, wo er die Aufnahmeprüfung bestand, kam er täglich in den Kontakt mit Menschen, die die Welt verändern wollten oder gar bereits veränderten. Tristan stand in Flammen: Er wollte um jeden Preis ein Teil dieser Welt sein. Kein leichtes Unterfangen, denn Tristan Walker ist schwarz. Im weißen Silicon Valley liegt der Anteil der schwarzen Mitarbeiter bei rund zwei Prozent, und die Entscheider dort sind nahezu ausnahmslos smart und weiß – und alles andere als farbenblind. Doch über einen guten Kontakt aus dem Universitätsnetzwerk gelang es ihm, bei einem kleinen Start-up mit nur 20 Mitarbeitern hineinzuschnuppern: Twitter. Das neue Leben gefiel ihm außerordentlich, und bereits 2009 wusste er genau, was er wollte: ein Teil des Tech-Start-ups Foursquare in New York werden, das zu diesem Zeitpunkt aus lediglich zwei Mitarbeitern bestand, den beiden Gründern Dennis Crowley und Naveen Selvadurai. Kurzerhand bewarb er sich bei Dennis Crowley via E-Mail um einen Job, doch der antwortete nicht. Also schickte er die nächste Mail und die nächste und die übernächste, und die achte Mail lieferte schließlich ein zögerliches »Vielleicht«. Am nächsten Tag nahm Tristan Walker den ersten Flieger nach New York und stand mit seinem Laptop unter dem Arm vor den erstaunten Gründern. Nach einem kurzen Gespräch wimmelte man ihn ab mit dem Vorschlag, innerhalb eines Monats 30 Businesskunden und Handelspartner zu liefern – dann könne man über einen Arbeitsplatz sprechen. Wichtig zu erwähnen: Tristan hatte zu diesem Zeitpunkt bereits ein äußerst lukratives Jobangebot der Boston Consulting Group in Atlanta in der Tasche. Doch er wollte zurück nach New York. Zu Foursquare. Geld war in seinen Augen kein Motivator – Perspektive schon. Also nahm Tristan das Ruder in die Hand, und nach nur acht Tagen hatte er die Unterschriften von über 300 Kunden in der Tasche. Mail Nummer neun ging auf die Reise. Ab diesem Tag war Tristan Director Business Development bei Foursquare – und damit Mitarbeiter Nummer drei.

Ein japanisches Sprichwort lautet: »Fall siebenmal hin – steh achtmal auf.« Tristan Walker lebt diesen Satz und beweist, dass es viele Arten von Hunger gibt. Hartnäckigkeit ist eine davon, Eigeninitiative eine andere. Wer heraussticht, gewinnt – vorausgesetzt, er glänzt durch Kreativität und Leistung statt durch Standards und Luftblasen, die schneller platzen, als der Personalchef »Vielen Dank, ich bespreche das mit dem Vorstand« sagen kann.

Zurück zu den Bewerbern, von denen immer mehr so denken wie Tristan. Worauf achten sie, wenn sie ein Unternehmen betreten? Sie prüfen als Erstes, ob sie sich in der Umgebung wohlfühlen. Es muss passen wie ein Maßanzug. Das liegt allerdings nur zur Hälfte an Exterieur und Interieur. Die andere Hälfte der Wahrheit über das Unternehmen liest der Bewerber in den Gesichtern der Mitarbeiter. Lächeln sie? Sind sie gut gelaunt? Wirken sie gestresst? Wer möchte nicht lieber Teil eines lockeren Teams sein, das Spaß an der Arbeit ausstrahlt?! Wir kennen unzählige Personalchefs, die dem Bewerber nach dem Gespräch die aktuelle Ausgabe des Kundenmagazins in die Hand drücken. *Werfen Sie auf der Heimfahrt doch einfach einen Blick hinein. Entdecken Sie, was wir für unsere Kunden tun und welche fantastischen Produkte wir entwickeln, produzieren und verkaufen. Sie werden uns lieben!* Nur die wenigsten HR-Manager haben begriffen, wie es wirklich funktioniert. Diese Minderheit überreicht die aktuelle Ausgabe des Mitarbeitermagazins. Das wird allerdings in vielen Firmen immer noch als Sprachrohr des Vorstands missbraucht. Diskussionen über die Quartalszahlen findet man dort ebenso wie Vergleiche mit der Konkurrenz, wobei Zahlen so präsentiert werden, dass das eigene Unternehmen gut abschneidet. Die Mitarbeiter wollen bei Laune gehalten werden, und wie kann man Mitarbeiter mit geringem Kostenaufwand besser motivieren als mit einem pauschalen Lob der gesamten Belegschaft im Mitarbeitermagazin? Nur die allerwenigsten haben begriffen, dass Mitarbeitermagazine die geborenen Spielwiesen fürs Storytelling sind. Gut und aufwendig recherchierte Geschichten über einzelne Mitarbeiter sind ein Zeichen von allerhöchster Wertschätzung, und wenn ein Bewerber mehrere solcher Geschichten in einer Ausgabe liest, empfindet er Geborgenheit. Nichts schmeckt so sehr nach Omas Spätzle wie ein gut gemachtes Mitarbeitermagazin. Setzen Sie es auf Ihre To-do-Liste. Aber bitte ganz nach oben, auch wenn Sie es für ein Relikt aus längst vergangener Zeit halten, das in der digitalen Welt nichts verloren hat. Merke: Mitarbeitermagazine sind genauso analog wie Mitarbeiter.

»War for Talents« – Kriegserklärung oder Säbelrasseln?

Der Begriff »War for Talents« suggeriert Endzeitstimmung. Einer wird gewinnen, der Rest wird verlieren. So ist Krieg nun einmal. Was früher Zeitungsanzeigen leisteten, erledigen heute die digitalen Drohnen mit der Aufschrift »Landing Page«. Doch ich habe gute Nachrichten, die die Dramatik entschärfen: Ihr Unternehmen kommt nicht vors Kriegsgericht, wenn Ihr Versuch, einen Absolventen der High-Potential-Class zu verpflichten, scheitern sollte. Schließlich entscheiden nicht die Besten der Welt über Ihren Erfolg, sondern die Besten für Ihr Unternehmen. Es geht einzig und allein darum, die Positionen in Ihrem Unternehmen – allen voran die Schlüsselpositionen – optimal zu besetzen. Das »H« in Human Resources macht den Unterschied, und deshalb zählen nicht auf allen Positionen allein die Qualifikationen, sondern mindestens ebenso die menschlichen Faktoren, die sogenannten Soft Skills: Wer passt ins Team (warum nimmt an Bewerbungsgesprächen eigentlich nie das Team teil, für das der Bewerber vorgesehen ist?)? Wer scheint bereit, die Investition in die Ausbildung zurückzuzahlen, indem er länger als der Durchschnitt bleibt? Hohe Personalfluktuation ist ebenso schädlich wie mangelndes Gespür in Sachen Charakterbewertung. Empathie und Treue bedingen und ergänzen einander. Früher galt die Regel der goldenen Uhren: Wer in einem Unternehmen die Lehre absolvierte, blieb dort bis zum (Arbeits-)Lebensende, weshalb 40- und 50-jährige Dienstjubiläen keine Seltenheit waren – ein Ritual, das schon in naher Zukunft aussterben wird. Das liegt aber nicht einzig und allein an der selbst gewählten Fluktuation der Mitarbeiter, sondern oftmals auch an den Unternehmen, die – heute von einem Wettbewerber gekauft – morgen schon eine neue Unternehmensphilosophie einpflanzen, die den Vorstand und zahlreiche Abteilungen komplett entwurzelt. Führungskräfte, die dank ihres Charismas ein schlagkräftiges Team aufbauen konnten, zu denen junge Mitarbeiter geradezu aufschauen, werden entlassen und durch einen Kandidaten aus der Zentrale des übernehmenden Unternehmens ersetzt. Motivations- und in der Folge Leistungseinbrüche von 50 Prozent sind nicht selten das Ergebnis solcher Umwälzungen.

Übrigens: 80 Prozent der Generation Y machen ihre Jobwahl von der gebotenen technologischen Ausstattung des Arbeitsplatzes abhängig. Diese jungen Leute wissen besser als so manch alter Hase, wie sehr Unternehmenserfolg von den vorhandenen IT-Strukturen abhängt. Wer im Büro einen Computer vorfindet, der seinem »Home«-Computer an Leistung unterlegen ist, wird sich mit diesem Umstand langfristig nicht anfreunden können. Wer mit produktiveren Werkzeugen ausgestattet wird, ist leistungsfähiger, und wer durch veraltete Technologie auf Dauer ausgebremst wird, verliert ziemlich schnell die Selbstmotivation. Diese Logik sollte jedem einleuchten, der Erfolg zu seinem persönlichen Unternehmensziel gemacht hat. Und wer hat das schließlich nicht?

Die Fortschrittlichkeit in Sachen Technologie, ein eventuell vorhandener Vorsprung gegenüber den Wettbewerbern, muss also bereits im Recruitingprozess deutlich gemacht werden. Zu diesem Zweck müssen natürlich nicht die Leistungsdaten der Server offengelegt werden – der Bewerber möchte sehen, wie das Unternehmen moderne Technologien bei der Ansprache einsetzt. Der Sportartikelhersteller Adidas zeigt eindrucksvoll, wie das funktioniert. Er setzt nicht nur auf entsprechende Microsites im Internet, sondern nutzt dort auch sämtliche zur Verfügung stehenden sozialen Kanäle, um mit den Bewerbern in einen Dialog zu treten. Adidas ist auch bereit, neue Dinge zu probieren, in neue Kanäle zu investieren – ohne im Vorfeld zu wissen, ob auch nur ein einziger Kandidat über diesen Kanal generiert werden kann. Adidas muss in Sachen Recruiting aus allen Rohren schießen, denn man muss an zwei Fronten gegen Wettbewerbsnachteile kämpfen: Auf der einen Seite hat der Sportgigant zwar 170 Tochterunternehmen weltweit zu bieten – auf der anderen Seite hat die Unternehmenszentrale aber erhebliche Probleme, internationale Talente in die fränkische Provinz nach Herzogenaurach zu locken. Dafür muss sie sämtliche Geschütze auffahren – im Standortwettbewerb mit den großen Metropolen dieser Welt wäre man sonst allein mit Lederhosencharme von vornherein als großer Verlierer gebrandmarkt. Und auch eine Großstadt wie Nürnberg in der näheren Umgebung kann mit ihrem Lebkuchen- und

Würstchenimage bei Bewerbern nicht wirklich punkten. Unternehmen wie Adidas müssen sich zudem einem zweiten Problem stellen: Ihre Anziehungskraft für Kandidaten aus den Bereichen Marketing und Mode ist naturgemäß hoch, doch in Sachen IT denken die meisten Interessenten eher an SAP und Co. Um Ausnahmetalente für die 400 Mann starke IT-Abteilung zu gewinnen, müssen besondere Strategien entwickelt werden, denn auch für ein IT-Talent ist der Großraum Portland, Oregon, Sitz der Unternehmenszentrale von Nike, einen Hauch hipper als Herzogenaurach. Die Facebook-Seite »Futuretalents« ist nur einer von vielen Bausteinen, die eingesetzt werden, die videobasierte Kampagne »Make your move« ein anderer. Die Vermittlung des interkulturellen Geistes steht dabei ebenso im Vordergrund wie das umfangreiche sportliche Programm, das die Mitarbeiter nicht nur im Kopf, sondern auch körperlich fit hält.

Recruiting mal anders

Recruiting kann auf viele Instrumente und Kanäle zurückgreifen. Viele haben sich in der Unternehmenswelt bereits als Standards etabliert, weil sie sich über die Jahre schlicht und einfach als Dauerfeuer bewährt haben. Hin und wieder gibt es aber auch Kanonenschläge: besondere Ideen und Aktionen viraler Art, die uns aufhorchen lassen und bei Interessenten wahre Begeisterungsstürme auslösen, weil sie aufgrund ihrer emotionalen Ansprache die Empfänger mitreißen und sie dazu bewegen, diese Idee mit einer Bewerbung zu belohnen. Wer die Erfolgsquoten solcher viralen Ideen betrachtet, fragt sich wie ich, warum nicht mehr in Ideenfindung investiert wird, denn viral bedeutet nach meinem Verständnis nichts anderes als »Mund-zu-Mund-Propaganda unter Einsatz des Internets« – mit unglaublichen Geschwindigkeiten und Responsequoten, von denen man zuvor nicht einmal zu träumen gewagt hatte.

➤ Eine einfache, aber durchaus pfiffige Recruitingidee hat IKEA 2011 in Australien umgesetzt, um einen neuen Megastore mit Personal zu versorgen: Jedem Möbelpaket wurde – neben der üblichen Montageanleitung – ein »Cäreer«-Blatt beigelegt mit der Headline »Assemble your future«. Ein paar typische Piktogramme machten deutlich, wie eine Bewerbung funktioniert. Zahlen und Fakten dieser Recruitingmaßnahme sprachen für sich: Es fielen nahezu keine Herstellungs- und Mediakosten an, und die Versandkosten fielen sogar ganz weg, denn die Bewerber transportierten die Informationsblätter selbst zu sich nach Hause. Der Erfolg war überwältigend: 4285 Bewerbungen fanden ihren Weg zurück, und 280 Bewerber wurden am Ende eingestellt. Einfach. Brillant.

➤ Der Videospielentwickler Red 5 Studios aus Irvine, Kalifornien, verschickte im Jahr 2007 100 personalisierte iPods an Wunschkandidaten, die in Diensten der großen Konkurrenten standen. Auf dem Gerät war ein Video mit einer persönlichen Botschaft des CEO Mark Kern, der erklärte, warum ein Wechsel in sein Unternehmen Sinn macht. Aus einer Responsequote von sagenhaften 90 Prozent entwickelten sich für das kleine Unternehmen drei neue Arbeitsverhältnisse.

➤ Die schwedischen Streitkräfte waren 2014 auf Nachwuchssuche: Rund 1430 offene Stellen mussten besetzt werden. Die Werbeagentur DDB Worldwide entwickelte eine Idee, die ohne viel Worte auskam und darauf abzielte, worauf es bei Soldaten primär ankommt: völlig Fremden zu helfen, auch wenn ein Stück der eigenen Freiheit auf dem Spiel steht. Man installierte in der Fußgängerzone von Stockholm einen schwarzen Container mit der Aufschrift »VEM BRYR SIG?« (»Wer kümmert sich?«). Ein Bildschirm, der über eine Kamera im Inneren des Containers gespeist wurde, zeigte einen einfachen Stuhl, auf dem ein Fremder saß, der auf »Befreiung« wartete. Man konnte diesen Fremden nach mindestens einer Stunde ablösen – ohne zu wissen, wie lang man selbst dort ausharren musste. In Sekundenschnelle verbreitete sich die Aktion in den sozialen Medien: Die Menschen pilgerten aus ganz Schweden nach Stockholm, um Teil des Experiments zu werden. Nach vier Tagen war die Aktion beendet – über 9000 Bewerbungen waren generiert worden.

➤ Eine Reklametafel an den Ausfallstraßen des Silicon Valley trug die rätselhafte Aufschrift »{the first 10-digit prime in consecutive digits of e}.com«. Wer das mathematische Rätsel löste, fand auf der sich zeigenden Website ein weiteres Rätsel. Wer auch diese Nuss knackte, hatte Log-in und Passwort für eine Seite auf Linux.org. Dort lüftete sich das Geheimnis: Google lud zum Bewerbungsgespräch ein, denn nur talentierte Programmierer mit ausgeprägtem mathematischem Know-how konnten diese Aufgaben lösen.

Recruiting Millennials

In fünf Jahren werden die Millennials 50 Prozent des Mitarbeiterstamms ausmachen. Diese Bevölkerungskohorte hat die neuen Medien mit der Muttermilch aufgesogen und erwartet eine entsprechende Ansprache. Doch nichts wird als einzige Wahrheit hingenommen: Die Generation Y (sprich: »Why«) hinterfragt insbesondere die verkrusteten Strukturen kritisch, weshalb stereotype Ansprachen aus dem Baukasten zum Wegklicken animieren. Wer bei dieser Generation punkten will, muss sich mit ihrer Technologieaffinität auseinandersetzen, denn Technologie ist für sie nicht nur Mittel zum Zweck, sondern auch ein wichtiger Teil des Lebensstils. In Sachen Video hat ein 25-Jähriger zwar auch im Zeitalter von YouTube keine Ahnung von Produktionskosten – er kann aber sehr wohl billige von aufwendigen Recruitingvideos unterscheiden. Bereits in solchen Videos kann der Bewerber die Unternehmenskultur identifizieren:

Wie viel investiert das Unternehmen, um den weißen Wal zu fangen? Was bin ich ihm wert? Ein Bewerber, der sich nicht mit der Ansprache identifizieren kann, kann sich auch nicht mit dem Unternehmen identifizieren. Rappende Azubis in HR-Videos zielen nicht unbedingt auf die gewünschte Zielgruppe ab und zählen eher nicht zu den konstruktiven Ideen deutscher Marketingkunst. Millennials konsumieren nicht nur, sondern schauen genau hin, gern auch über den Tellerrand: Wie präsentiert sich das Unternehmen in den Medien? Und welche hilfreichen Informationen sharen Foren und Blogger?

Führungskräfte, die den Mitarbeiter aus der Generation Y zur Herzenssache machen möchten, müssen Stehvermögen beweisen und die Herztropfen bereithalten. 40 Prozent erwarten einer Studie zufolge alle zwei Jahre eine Beförderung, und sage und schreibe neun Prozent sind sogar der Meinung, dass das auch unabhängig von geleisteter Arbeit und erreichten Zielen erfolgen sollte. Die junge Generation ist damit aufgewachsen, dass Amazon ihnen Vorschläge macht, welches Produkt sie als Nächstes kaufen sollen. Diesen Service, diese persönliche Behandlung, fordern sie auch am Arbeitsplatz ein. Auf der Narzissmusskala haben sie im Vergleich zu 1982 um 58 Prozent zugelegt, was die Selfiemanie erklärt. Der Englischlehrer David McCullough jr. von der Wellesley High School in Massachusetts brachte es in seiner »Graduation Speech« 2012 mit erhobenem Zeigefinger auf den Punkt: »Klettert auf einen Berg, um die Welt zu sehen – nicht, damit die Welt euch sieht.« Die digitale Transformation gibt den jungen Menschen gute Druckmittel an die Hand, die das Selbstbewusstsein, aber auch die Selbstüberschätzung, weiter in die Höhe treiben. Mit einem Blog können sie mit den alteingesessenen Medienunternehmen, allen voran den Tageszeitungen und den Fachzeitschriften, in Wettbewerb treten, und mit einem YouTube-Kanal können sie den Fernsehsendern die Zuschauerquoten vermiesen. Was früher nur mit Investitionen in Millionenhöhe und geballtem Know-how möglich war, ist heute im wahrsten Sinne des Wortes ein Kinderspiel.

Zeit zum Luftholen bleibt den Unternehmen kaum, denn unmittelbar nach dem Recruiting folgt das Halten. Dieser Part ist in meinen Augen nicht weniger einfach, denn ziemlich schnell weiß der neue Mitarbeiter, wie lange er im Unternehmen zu bleiben gedenkt. Ein Millennial rechnet bereits zu Beginn seiner Karriere damit, dass er in seinem Berufsleben im Durchschnitt sieben verschiedene Jobs ausüben wird. Jeden neuen Arbeitsplatz bemisst er dabei in erster Linie am Technologiegrad und am Umfang der gewährten Freiräume. Militärische Hierarchien werden heute verabscheut, Teamarbeit auf Augenhöhe als einzig wahre Form der Zusammenarbeit akzeptiert. Vergleicht man Angebot und Ansprüche der Generation Y mit denen der Generation X, werden die Veränderungen deutlich: Früher begann der Spaß erst beim Tennis nach der Arbeit – heute beginnt er mit dem Betreten des Firmengeländes. Wahrer und somit dauerhafter Spaß an der Arbeit kann allerdings nur entstehen, wenn das Gesamtpaket stimmt. Wer sich auf die Arbeit konzentrieren soll, dem müssen immer mehr private Probleme abgenommen werden. Ein sehr gutes Beispiel sind nach meiner Ansicht die von immer mehr Unternehmen angebotenen Möglichkeiten der Kinderbetreuung. Ein echter Mehrwert, über den noch viel zu wenig auf Vorstandsebene nachgedacht wurde. Wer drei Kinder großzieht und diese in der firmeneigenen Kita unterbringen kann, weiß kurze Wege und moderne Erziehungsmethoden zu schätzen – und bindet sich allein deshalb gern viele Jahre ans Unternehmen. Zudem ist aus Sicht der Eltern die Kinderbetreuung auch in den Schulferien gesichert. Das sind Argumente, die nicht von der Hand zu weisen sind, denn auf der anderen Seite lauert die latente Gefahr: Laut Umfragen wächst nämlich der Prozentsatz an jungen Leuten, die sich ein Leben ohne Kinder angenehmer vorstellen als ein Leben, das aufgrund unflexibler Arbeitszeiten und anderer Einschränkungen bei ihnen und ihrem Partner Stress erzeugt. Hier werden die Unterschiede in den Denkweisen deutlich: Ein Mitarbeiter ohne Nachwuchs widmet sich nach Vorstellung der Unternehmensleitung mehr dem Job – auf der anderen Seite erhöht ein Mitarbeiter ohne Nachwuchs aber auch die

Nachwuchssorgen der Unternehmen. Hier manövriert sich die Gesellschaft in einen Teufelskreis, aus dem ein Entrinnen nur durch immer höhere Investitionen im Personalbereich möglich wird.

Why? Why not?

Was will die Generation Y wirklich? Das sollen jedes Jahr aufs Neue ausgeklügelte Studien ermitteln. Die Fragen sind unterschiedlich formuliert, aber die Ergebnisse sind immer dieselben: Nicht Vergütung zählt, sondern der Beitrag des Unternehmens zur persönlichen Selbstverwirklichung. Arbeit, die erfüllt, macht am meisten Spaß, denn dann stimmt automatisch auch die Work-Life-Balance. Karrieremöglichkeiten und Anerkennung der eigenen Leistung rangieren ebenfalls ganz oben auf der Wunschliste. Anhand der Ergebnisse dieser Studien sollen die HR-Abteilungen ihre Bemühungen und Angebote, ja sogar das komplette Unternehmen, auf die Ansprüche der Wunschkandidaten ausrichten. Die Unternehmen der Zukunft müssen quasi um die Mitarbeiter herum aufgebaut werden. Doch die Realität sieht am Ende nicht selten völlig anders aus, denn die soziale Komponente wird viel zu oft unterschätzt – auch von den Befragten selbst. Auf das, was in Fragebögen gewünscht wird, wird sehr gern verzichtet, wenn das Arbeitsklima stimmt. Soziale Kontakte, die auch nach Feierabend aufrechterhalten werden, binden Mitarbeiter mehr ans Unternehmen als jeder Bonus und jede Beförderung. Erst wenn ein beliebter Kollege – aus welchem Grund auch immer – gezwungen ist, das Unternehmen zu verlassen, schwindet die Adhäsionskraft zwischen Unternehmen und den zurückgelassenen Mitarbeitern. Und erst dann treten die einst so wichtigen Attribute wieder in den Fokus.

Solche Studien sind allerdings lediglich Barometer des großen Ganzen. Sie zeigen alle, was statistisch von der Mehrheit gefordert und bevorzugt wird. Ob Ihr Bewerber seine Kreuzchen an den Stellen gemacht hat, an denen die Mehrheit die ihren gemacht hat, verrät Ihnen niemand. Vielleicht ist er ja gar keine Diva mit unerfüllbaren Ansprüchen – vielleicht legt er ja lediglich überdurchschnittlich hohen Wert auf Standortnähe und guten Kaffee. Geben Sie ihm einfach eine Chance.

Am Ende des Tages zählt nur das Ergebnis, und zu einer fruchtbaren Zusammenarbeit gehören bekanntlich immer zwei: Ihr Bewerber weiß nicht, ob Sie erfüllen, was Ihr Employer Branding verspricht – und Sie wissen nicht, ob das, was Zeugnisse versprechen, auch in messbare Erfolge umgemünzt werden kann. Enttäuschte Erwartungen sollten deshalb von beiden Seiten zeitnah kommuniziert werden und nicht erst im Personalgespräch, das zweimal jährlich stattfindet. Auch diese Tradition sollte endlich auf den Prüfstand, denn miteinander gesprochen werden muss schließlich immer dann, wenn Kommunikationsbedarf besteht. Und der besteht aus meiner Sicht nicht nur an zwei am Jahresbeginn festgelegten Terminen, sondern nahezu täglich.

Employer Branding: Sag mir, wer du wirklich bist

Irgendwo habe ich vor ein paar Jahren eine interessante Definition gelesen, die es kurz und knackig auf den Punkt bringt: Employer Branding sind die ungeschriebenen Gesetze, wie Mitarbeiter sich verhalten, interagieren, entscheiden und handeln, wenn der Chef nicht anwesend ist. Ein fantastisches Produkt zieht die Kunden an – ein gutes Employer Branding zieht fantastische Mitarbeiter an. Unendliche Ressourcen – Zeit und Geld – wird in die Entwicklung von Produkten investiert – die Entwicklung der Beziehungen zu Mitarbeitern hingegen ging bisher eher leer aus. Innovation fand hier nur am Gefrierpunkt statt. Nichts haben sich in den letzten Jahren deshalb mehr Unternehmen ins Pflichtenheft geschrieben als dieses Thema. Zu Recht, wie ich meine, denn wer sich heute irgendwo bewirbt, schaut längst nicht mehr nur auf die finanziellen Rahmenbedingungen, sondern auf den ganzen Kuchen. Die spezifische Attraktivität eines Unternehmens will entdeckt, die Identität des Arbeitgebers muss verdeutlicht werden. Welche Werte vertritt das Unternehmen? Welche Unternehmenskultur wird vermittelt? Deckt sich das mit meinen persönlichen Vorstellungen? Wie sieht es mit den Themen Diversity, digitale Zukunft oder mit Umweltthemen aus? Arbeite ich in einem modernen Unternehmen oder pfeift noch der Geist der Gründerväter durch die Flure und die Unternehmensphilosophie? So wie ein Kunde sich vor dem Kauf über ein Produkt informiert, so möchte auch der Topkandidat alles über seinen neuen Lebenspartner herausfinden. Da macht er auch vor der Facebook-Seite nicht halt. Für Unternehmen ist das eine Chance. Wer hier Transparenz beweist, indem er die Informationen bereits liefert, bevor der Interessent den entsprechenden Wunsch im Bewerbungsgespräch ausgesprochen hat, punktet auf der ganzen Linie. Auch für Unternehmen gilt schließlich die alte Binsenweisheit: Es gibt keine zweite Chance für den ersten Eindruck.

Wenn die Mitarbeiter sich aufgrund des digitalen Wandels verändern, fragt man sich, warum das Employer Branding sich nicht ebenfalls anpasst und sich neu erfindet. Digitale Transformation erfordert HR-Transformation. Andere Ansprüche und Wünsche erfordern andere Angebote, insbesondere in Bezug auf Handlungsspielräume. Employer Branding muss alle Generationen innerhalb und außerhalb des Unternehmens ansprechen.

Besondere Eindrücke liefern auch besondere Mitarbeiter, die dem Unternehmen bereits seit Jahren angehören. Wer diese ins Rampenlicht rückt und sie zu Botschaftern seines Unternehmens macht, steigert seine Attraktivität. Großartige Menschen erzählen großartige Geschichten. Jeder möchte schließlich an der Seite von großartigen Menschen arbeiten und gemeinsam mit ihnen große Ziele erreichen. Leitfiguren müssen in allen Social-Media-Kanälen präsentiert werden, denn dort sucht die Generation Y zuallererst nach den erforderlichen Informationen. Da frage ich mich natürlich: Warum gibt es eigentlich keine Videos, in denen Führungskräfte sich vorstellen? Ein Bewerber könnte mit einem Link versorgt werden und seinen Teamleader bereits vorab kennenlernen. Beschnuppern gehört immer noch zu unseren »Basic Instincts«, und die digitale Welt bietet dafür unendlich viele Möglichkeiten. Sie müssen nur endlich genutzt werden.

Unternehmensphilosophie muss also mit jedem Atemzug des Unternehmens gelebt werden – von jedem einzelnen Mitarbeiter. Sie haben verloren, wenn Ihr Bewerber zu Ihnen sagt: »Tut mir leid, aber das ist nicht das Unternehmen, das ich von der Website und aus den Social Networks kenne.« Ihre Bewerber möchten wissen, was Sie tun – und warum Sie es tun. Erst wenn sie sich mit Ihren Werten und Strategien identifizieren können, sind sie auch bereit, alles dafür zu geben, diese Werte zu leben, weiterzuentwickeln und weiterzuvermitteln.

Kehren wir noch einmal zurück zur Liste der 100 Toparbeitgeber Deutschlands, denn Sie möchten auf diese Liste. Doch was ist sie wert? Was ist ein Arbeitgeber? Was ist ein Unternehmen? Laut www.statista.com gibt es in Deutschland rund 3,6 Millionen Unternehmen. Davon haben 3,3 Millionen weniger als zehn Mitarbeiter. Ist ein Malermeister mit einer Teilzeitkraft bereits ein Arbeitgeber, wie er in der Liste definiert ist? Finden alle 3,6 Millionen Unternehmen Berücksichtigung in der Liste? Wer kann schon 3,6 Millionen Unternehmen bewerten? Auf www.imdb.com, der größten Filmdatenbank im Internet, finden Sie eine Liste mit den 100 besten Filmen aller Zeiten. Der Kassenschlager *Avatar* ist nicht dabei, und Ihr absoluter Lieblingsfilm vermutlich auch nicht. Wer hat schon alle Filme dieser Welt gesehen, um eine Top-100-Liste zu erstellen? Sie sehen: Listen, die andere erstellen, stellen selten unsere persönliche Sicht der Dinge dar. Und schon längst nicht die unumstößliche Wahrheit.

Am Ende sind es keine wissenschaftlichen Erkenntnisse, sondern lediglich Sammelsurien einzelner Meinungen. In einer Zeit, wo jeder seine Meinung digital kundtun kann, lassen sich immer mehr Menschen dazu verleiten, solchen Listen Glauben zu schenken. Glauben Sie lieber an das Potenzial Ihrer Mitarbeiter. Und sorgen Sie dafür, dass Sie alles aus ihnen herausholen. Aber stecken Sie auch genügend hinein. Unternehmenserfolge entstehen schließlich nicht in Einbahnstraßen.

Recruiting Mr and Mrs Right

Bewerbungsgespräche sind psychologische Zeugnisse, chemische Analysen, denn die Kompetenzen hat der Bewerber ja bereits in aller Ausführlichkeit schriftlich benannt. Im persönlichen Gespräch geht es um die Feinheiten, auch Soft Skills genannt: Ist der Bewerber teamfähig, belastbar, vertrauenswürdig und motiviert? Warum hat er eigentlich den letzten Job gekündigt?

Doch Bewerbungsgespräche sind eigentlich überflüssig. Zu diesem Schluss könnte man kommen, wenn man den Studien von Prof. Frank Bernieri, Tricia Prickett und Neha Gada-Jain von der Universität von Toledo, Ohio, vertraut. Die bestätigten nämlich die bereits erwähnte Weisheit »Es gibt keine zweite Chance für einen ersten Eindruck«. Bereits nach den ersten zehn Sekunden Händedruck und Small Talk hat sich der Interviewer für oder gegen den Bewerber entschieden. Augenkontakt und Körpersprache heißen die Prüfungsfächer. In der restlichen Zeit sucht der Interviewer nach Punkten, die seine Meinung bestätigen – alle anderen werden komplett ausgeblendet und fließen folglich nicht in die Bewertung ein. Mit Fragen wie »Wenn Sie ein Wochentag wären – welcher wäre das?« und »Wie viele Golfbälle passen in eine 747?« sollen en passant noch Fantasie und Lösungskompetenz ermittelt werden. Da frage ich mich: Basiert nicht auch die Entwicklung eines sinnvollen Fragenkatalogs auf solchen Fähigkeiten?

Wer den richtigen Mitarbeiter finden möchte, könnte mit einer eigenen Studie Licht ins Dunkel bringen. Wie war es denn eigentlich mit den eigenen Topmitarbeitern? Welches Balzverhalten des Unternehmens beziehungsweise des Bewerbers hat zum Erfolg geführt? Die meisten Entscheidungen basieren vermutlich auf den Abschlüssen und Empfehlungen, die der Bewerber vorzuweisen hatte. Doch es wird auch Fälle geben, in denen nicht die Besten, sondern die in anderer Hinsicht Vielversprechenden den Weg ins Unternehmen gefunden haben. Welche Kriterien gaben damals den Ausschlag? Und wie sah es eigentlich bei Ihrer eigenen Bewerbung vor Jahren aus? Jede Bewerbung ist ein Einzelgeschäft – und keine Aufgabe für Flottenverkäufer. Bewerbungen sind Mosaike, und jedes kleine Steinchen zählt, denn jedes hat eine Geschichte zu erzählen. Lebensläufe, die Lücken aufweisen, und Bewerber, die innerhalb eines Jahres drei Stellen innehatten, können Indizien für Schwächen, aber auch für ungeheures Potenzial sein. Ob die heutige Spitzenkraft sich damals ins Unternehmen gemogelt oder den Job als letzte Lebenschance erhalten hat, spielt am Ende keine Rolle. Aus solchen Kandidaten rekrutieren sich oftmals die loyalsten Follower des Unternehmens. Gut fährt also immer derjenige, für den Noten nur eines von vielen Kriterien sind. Und der eigene Bauch ein anderes.

Das Bewerbungsgespräch stellt die Weichen für beide Seiten. Hier geht es darum, die andere Seite besser kennenzulernen und möglichst viele Bewertungspunkte abhaken zu können. Leider haben viele Bewerbungsgespräche Prüfungscharakter, was nicht immer nur am mangelnden psychologischen Know-how des Fragestellers liegt. Bewerber werden dabei durch »unkonventionelle« Fragen – siehe oben – immer wieder unter Stress gesetzt. Für viele – gerade für junge Leute – ist das Bewerbungsgespräch der erste Eindruck, bei dem sie alles richtig machen möchten. Entsprechend hoch ist der Grad der Nervosität, und der sollte möglichst nicht noch künstlich gepusht werden. Und dann gibt es noch die kleine Gruppe unter den Introvertierten, die keine Verkäufer in eigener Sache sind. Die auch schon mal einen Blackout erleben und alles vergessen, was sie vor dem Gespräch gelernt haben – siehe »Zlatan@Work S01E01« bei YouTube. Eine Verzerrung des Persönlichkeitsprofils ist vorprogrammiert, Potenziale bleiben unerkannt und können gar nicht in die Bewertung einfließen.

Wie erkenne ich überhaupt versteckte Potenziale? Die besten Möglichkeiten ergeben sich bereits beim Erstkontakt. Allerdings begehen hierbei nach unserer Meinung die meisten Unternehmen den schwersten Fehler – und berauben sich dadurch unglaublicher Chancen. Sie wählen den einfachen Weg und implementieren auf ihrer Website starre Bewerbertools mit ebenso starren Pull-down-Menüs, die Auswahlmöglichkeiten bereits im Ansatz beschränken. Der Bewerber kann seine eigene Kreativität bei solchen E-Recruiting-Prozessen überhaupt nicht demonstrieren, weshalb die große Mehrheit von ihnen – weit über 90 Prozent – den E-Mail-Kontakt bevorzugen. Stellen Sie sich kurz vor Ende dieses Kapitels eine Frage: Was denken High Potentials über Unternehmen, die sie bereits bei der Bewerbung beschränken?

Musterbeispiel Google

Es ist noch gar nicht so lange her – genauer gesagt im Februar 1999 –, als die Google Inc. ein Büro im sonnigen Palo Alto anmietete. Stolze acht Mitarbeiter umfasste damals die Belegschaft. Das Suchmaschinengeschäft war zu der Zeit ein hartes Brot, denn die unzähligen Wettbewerber machten das Leben nicht leichter. Irgendwann fassten die Gründer Larry Page und Sergey Brin den Entschluss, Google zu verkaufen. Kurzerhand boten sie ihr kleines Unternehmen dem Internetportal Excite@Home, neben Yahoo und Netscape einer der damaligen Branchenriesen, zum Kauf an. Geforderter Preis: eine Million Dollar. Excite@Home lehnte ab, woraufhin Vinod Khosla, Mitgründer von Sun Microsystems und damals Risikokapitalgeber, Verhandlungsgeschick bewies und den Verkaufspreis auf sage und schreibe 750.000 Dollar drückte. Doch auch zu diesem Preis kam der Deal nicht zustande.

Heute hat Google Inc. 62.000 Mitarbeiter und einen Wert von rund 480 Milliarden Dollar. Jedes Jahr bewerben sich dort weit über zwei Millionen Menschen, Tendenz steigend. Scheint, als hätte Google nicht nur im Bereich Suchmaschinen, sondern auch im Bereich Personalpolitik eine ganze Menge richtig gemacht. Laszlo Bock, Senior Vice President of People Operations bei Google, macht kein Geheimnis aus seiner Personalpolitik, sondern hält getreu dem Motto »Share your Knowledge« Vorträge über die Art und Weise, wie Google mit Mitarbeitern umgeht – angefangen beim ersten Handschlag. Nach Stationen bei McKinsey und General Electric fasste Bock 2006 bei Google Fuß. Was er dort in Sachen Recruiting erlebt hat und wie er seitdem seine eigene Handschrift einbringt, beschreibt er in seinem Buch *Work Rules!*. Zwei ganz wichtige Punkte, um Mitarbeiterbeziehungen aufzubauen, sind nach seiner Ansicht die Aufrechterhaltung von Neugierde und das Gewähren von Freiheiten, denn nur diese beiden Faktoren sorgen dafür – weitaus mehr als der viel zitierte Google-Fun-Faktor –, dass Menschen sich zum Wohle des Unternehmens weiterentwickeln. Das Gewähren von Freiheiten war für Unternehmen bisher ein Synonym für Kontrollverlust. In Zukunft ist Kontrollverlust also ein Gewinn. Freiheit ist auch für Mitarbeiter das höchste Gut, und Google garantiert diese durch einfache Regeln, die erst auf den zweiten Blick den Freiheitsgedanken erkennen lassen: Manager dürfen nicht allein darüber entscheiden, wer eingestellt, befördert oder entlassen wird. Dieselbe Beschränkung gilt für Gehaltserhöhungen und Boni. Es ist nach Bocks Meinung das kleine Extrastückchen, das den Erfolg eines Managers ausmacht: das kleine Stück mehr Freiheit, das der Mitarbeiter nicht erwartet oder verlangt; das kleine Stück mehr Weiterbildung, das eigentlich gar nicht nötig wäre, um das gesteckte Ziel zu erreichen. Wer gibt, dem wird gegeben. Mitarbeiter bringen höhere

Leistung – nicht nur, weil sie selbst motivierter sind, sondern auch, weil sie ihrem Vorgesetzten gefallen möchten. Die äußere Hülle des Pakets bildet auch bei Google das »Vertrauen«, denn dafür haben Mitarbeiter feinste Antennen. Beispiel Tabakkonzerne: Wer Kunden belügt in Bezug auf den Zusammenhang zwischen Rauchen und Krebs, belügt die Mitarbeiter, die selbst rauchen – und nimmt ihnen und allen anderen das Vertrauen in die Wahrheitsliebe der Unternehmensführung.

Erfolg hat viele Väter

Das Miteinander in einem Unternehmen unterscheidet sich gar nicht so sehr vom richtigen Leben. Alles basiert auf Psychologie, auf angeborenen und erlernten Verhaltensmustern. Schauen wir in den Kopf eines Kreativen, zum Beispiel eines Tischlers: Wenn er ein Produkt für einen Kunden herstellt, steckt er ein gewisses Maß an Fantasie und Leidenschaft in diesen Prozess. Kennt er den Kunden persönlich – und dazu reichen ein Händedruck und eine Minute Small Talk –, dann steigt die Leistungsbereitschaft um 20 Prozent. Natürlich vorausgesetzt, dass die Chemie stimmt. Man will das Produkt besser machen, um dem Kunden zu gefallen.

Schauen wir auf die Berufe, die den Zusammenhalt in der Gruppe zur Religion gemacht haben: Feuerwehrleute und Soldaten. Wer für den Arbeitskollegen das eigene Leben aufs Spiel setzt und den »Ich hol dich da raus«-Geist in sich trägt, kann sich kein Leben an einem Schreibtisch vorstellen, wo statt ausgestreckten Händen die Ellbogen dominieren. Auch das ist eine Form von Unternehmensphilosophie, und aus einer soften Variante dieser Kultur generiert sich der Erfolg der Tech-Start-ups. Wenn man Teil eines Teams ist, das sich den Kollegen aussuchen darf, mit dem man monatelang in einer Garage oder einem kleinen Büro Doppelschichten leistet, ohne sich auf die Nerven zu gehen, hat man bereits von Anfang an die größte Hürde in der

Zusammenarbeit genommen. Wenn alle an einem Strang ziehen und sich jeder darauf verlassen kann, dass der andere seinen Beitrag leistet, kann man auch in Sachen Arbeitsweise behaupten: »Form follows function.« Sobald das eigene Unternehmen zum Kult geworden ist, zählen Titel nicht mehr, sondern nur noch Ergebnisse – und die nächsten gemeinsam zu erreichenden Ziele.

Fazit

Den Wunschkandidaten verpflichten? Nichts leichter als das: Machen Sie Ihr Unternehmen zu seiner einzigen Option. Erst wenn es sein größter Wunsch ist, ausgerechnet Ihre Produkte und Dienstleistungen mit eigenen Ideen zu verbessern, haben Sie ihn am Haken. Der Rest ist dann nur noch Verhandlungsgeschick.

Was denkt Daniel?

Daniel Fischer ist 37 Jahre alt und arbeitet als Ingenieur in der Automotive-Industrie. Nach dem Studium hatte er sich in der Entwicklungsabteilung eines Zulieferers die ersten Sporen verdient; fünf Jahre später wechselte er zu einem Automobilhersteller, wo er zwei Jahre bei einer Konzerntochter in der Lkw-Konstruktion verbrachte, bevor er ins Stammwerk übersiedelte.

»Ein Kennenlernworkshop in Mexiko ist natürlich ein toller Einstieg. Aber es kann ja auch Mallorca sein. Spaß beiseite – ich finde die Idee natürlich umwerfend: Ungezwungene Atmosphäre ist das A und O fruchtbarer Zusammenarbeit, und wer auf solche Weise ins Team gebeten wird, hat natürlich auch den Ansporn und die persönliche Verpflichtung, etwas zurückzugeben. Wer allerdings mehr als ein Laptop zum Arbeiten braucht, muss sich zwangsläufig andere Maßnahmen einfallen lassen.

Als Bewerber hätte ich mich über eine Videovorstellung der Vorgesetzten und des Teams natürlich gefreut, und noch besser finde ich den Vorschlag, das Team, in dem ich später verwurzelt werde, beim

---

Vorstellungsgespräch einzubinden. Das ist natürlich mit einem gewissen Aufwand verbunden, aber wenn man sieht, was ein Mitarbeiter im Leben kostet und was ein Mitarbeiter kostet, der bereits nach zwölf Monaten wieder geht, sollte die Investition meines Erachtens erwogen werden.

Wenn ich mir meine Bewerbung von 2006 ins Gedächtnis rufe und mit denen der neuen Kollegen vergleiche, kann ich schon deutliche Unterschiede feststellen – allerdings fast ausschließlich auf Bewerberseite. Hier triumphiert das Selbstbewusstsein der ›Digital Natives‹, während auf der anderen Seite noch dieselben Instrumente wie damals Anwendung finden. Bei den Jüngeren dominieren ganz andere Selbstverständlichkeiten, die aus den Social-Media-Aktivitäten und all den anderen Onlinegewohnheiten gewachsen sind. Jeder will heute rund um die Uhr online sein, jeder erledigt seine Privatsachen wie selbstverständlich nebenbei. Der eine bucht seine Privatreise und stöbert in den Pausen stundenlang in den entsprechenden Portalen, der andere macht beim Kaffeetrinken Onlinespiele. Was mich erstaunt: Die Arbeit wird trotzdem konzentriert erledigt.

Der neueste Trend bei uns – und vermutlich überall anders auch: Bewerber kontaktieren jüngere Mitarbeiter – ehemalige Kommilitonen beispielsweise – über Facebook und erkundigen sich nach dem Fragenkatalog, der beim Erstgespräch Anwendung findet. Die schlauen Füchse bereiten sich also optimal auf den ersten Kontakt vor. Bin gespannt, ob unser Personalchef schon Wind davon bekommen hat.«

2. Wenn aus Mitarbeitern Partner werden

Erfolge entstehen auf Augenhöhe

Die höchste Stufe als Arbeitgeber haben Sie erreicht, wenn Ihre Mitarbeiter das Unternehmen als Ersatz- oder Zweitfamilie einstufen, denn dann erhält der Begriff »Familienunternehmen« eine ganz neue Bedeutung. Dazu tragen alle Verbindungen und Leistungen bei, die über das reine Arbeitnehmer-Arbeitgeber-Verhältnis hinausgehen. Reid Hoffman, Mitgründer des sozialen Netzwerks LinkedIn, ist fest davon überzeugt, dass der Vergleich hinkt. »In einer Familie können Eltern ihre Kinder nicht feuern«, kontert er in einem Blogbeitrag. Auf den ersten Blick hat er recht, doch er übersieht, dass »Familie« lediglich als Metapher dienen soll, die eine soziale Verbindung eine Stufe höher positioniert als der Begriff »Team«, denn Team bedeutet nichts anderes, als mit vereinten Kräften ein gemeinsames Ziel zu verfolgen. Familie hingegen impliziert ein weitaus höheres Maß an gegenseitigem Vertrauen. Das hat in erster Linie nichts mit väterlicher Führung oder mütterlicher Fürsorge zu tun, sondern mit erweitertem Zusammenhalt. Jeder kann aus freiem Willen für sich entscheiden, wie weit er zur Familie gehören möchte. Es gibt Eigenbrötler, die mittags allein auswärts essen – und es gibt Mitarbeiter, die ihr Essen gemeinsam mit den Kollegen einnehmen, weil sie die Gesellschaft der anderen bevorzugen. Weil Sympathien Beziehungen und Vernetzungen erzeugen. Weil Konversation Entspannung liefert. Wenn Freundschaften entstehen, gibt man sich Spitznamen. Wer einen erhält, gehört dazu – und ist durch dieses Attribut bereits deutlich mehr als nur »Kollege«. In manchen Unternehmen geht das so weit, dass ein Büro zum zweiten Zuhause wird. Der eine bringt seine Pflanze mit, der andere schlüpft in seine Hausschuhe und ein Dritter streicht sein Büro in seiner Lieblingsfarbe, während sein Goldfisch von der Fensterbank aus zuschaut. Und in der Freizeit und am Wochenende treibt man gemeinsam Sport und trinkt gemeinsam Bier. Das hat nichts mit der Art von Teambildung zu tun, wie sie von der Geschäftsleitung befohlen wird. Dieses familienähnliche System ist das Ökosystem, das in nahezu allen Start-ups gelebt wird. Es entsteht unmittelbar aus dem freien Willen der Mitarbeiter heraus; das Unternehmen selbst muss lediglich die entsprechende Infrastruktur zur Verfügung stellen. Und genau deshalb zieht dieses System Leute wie Tristan Walker mehr an als die Großkonzerne, die den Zusammenhalt ihrer Mitarbeiter an einheitlichen Krawattenfarben festmachen.

Neue Mitarbeiter werden gerade bei Start-ups nicht nur anhand ihrer Qualifikationen bewertet; sie müssen auch das Gefühl vermitteln, dass sie zur Familie passen. Charakter, Ausstrahlung und Lebensstil kommen auf den Prüfstand. Wer die entsprechenden Tests besteht, liefert weitaus weniger Konfliktpotenzial als ein Mitarbeiter, der allein anhand seiner Zeugnisse bewertet wurde. Wie viel Produktivität geht verloren, wenn Mitarbeiter untereinander oder mit den höheren Ebenen auf Kriegsfuß stehen? Wenn mehr über persönliche Beziehungen, Führungsstile und Mobbing nachgedacht wird als über Projektziele? Sobald »Brainstorming« den Sturm bezeichnet, der im Kopf eines Mitarbeiters die Gedanken über interne Strukturen verwirbelt, verschieben sich Prioritäten in andere Dimensionen und niemand kann auch nur erahnen, welche Kosten und Krankheiten das alles verursacht.

Ich gebe es zu: Ein Großkonzern kann niemals die Intimität einer Familie vermitteln, wie es ein kleines Start-up mit 20 Mitarbeitern vermag. Aber man kann mit psychologischem Feingefühl die Dinge in eine ähnliche Richtung lenken. Viele Unternehmen bieten beispielsweise kostenlose Getränke an. Doch erst der nächste Schritt bringt den Mehrwert: Wer auch das Essen spendiert, bringt Mitarbeiter nicht nur an einen Tisch, an dem Privates ausgetauscht wird, sondern vermittelt auch einen Hauch von Familiengefühl. Denn auch daheim muss man seinen Eltern fürs Mittagessen nichts bezahlen. Und wer dabei sogar noch gesunde Kost anbietet, tut sich selbst einen Gefallen, denn er verbessert die Krankenstatistik und vermittelt gleichzeitig das Gefühl »Man sorgt sich um mich«. Mit Sicherheit nicht das schlechteste Argument eines Arbeitgebers.

Die nächste Stufe

Wenn es um die Beschreibung der Verbindungen zwischen Mitarbeitern und Unternehmen geht, ist »Familie« in der Tat ein großes Wort. Ein noch größeres ist »Liebe«. Wer seine Unternehmenskultur darauf aufbauen möchte, muss das auch konsequent und vor allem langfristig vorleben. So wie Southwest Airlines, seit 1971 die erfolgreichste Billigfluglinie der Welt. Sie legt großen Wert auf den Relaxfaktor, und so werden die Durchsagen während des Flugs regelmäßig inbrünstig gesungen und Getränke gelegentlich von Stewardessen in Hotpants serviert.

Für Southwest ist Liebe nicht nur ein Wort – die Fluggesellschaft lebt Liebe bis ins kleinste Detail. Das Logo schmückt ein dreifarbiges Herz, und das Kürzel an der New Yorker Börse lautet LUV. Das Thema Liebe – zu den Mitarbeitern und zu den Kunden – zieht sich durch die gesamte Corporate Identity und wird Tag für Tag gelebt. Gerade in Bezug auf Mitarbeiter funktioniert eine solche Unternehmenskultur nur, wenn sie über Jahre gewachsen ist und konsequent gefördert wird. Wer liebt, möchte wissen, was den Partner, also jeden einzelnen Mitarbeiter, glücklich macht, und muss zu diesem Zweck viel Geld in ein Informations- und Wissensnetzwerk investieren. Das scheuen viele Unternehmen. Herb Kelleher, der Southwest

Airlines 1967 gemeinsam mit Rollin King gründete und bis 2007 leitete, investierte in diese Quelle. Auf die Frage nach seinem Erfolgsgeheimnis antwortete er dem Magazin *Fortune*: »Sei bei deinen Mitarbeitern, wenn es Probleme gibt. Und sei ihnen nicht im Weg, wenn die Dinge gut laufen.« Das gesamte Unternehmenskonzept hatte er Anfang der Siebziger auf eine Serviette gekritzelt, und eine gerichtliche Auseinandersetzung wurde auch schon einmal durch Armdrücken entschieden. Das alles nennt man wohl »unkonventionell«, aber ist unkonventionell im Businessbereich nicht dasselbe wie Nischendenken? Der Erfolg begann, als Southwest sich bewusst dazu entschied, das zu tun, was die Großen der Branche, die mittels Veto vier Jahre lang den Markteintritt des Konkurrenten verhindern konnten, nicht taten: Die Maschinen flogen nicht die großen Flughäfen an, sondern die vielen kleinen – und bewegten allein mit dieser Entscheidung viele Passagiere zum Wechsel, denn dadurch wurden die Wege der Kunden verkürzt und deren Zeit und Geld gespart. Heute wissen wir: Herb Kelleher und Southwest haben nahezu alle Regeln des Marktes gebrochen und dadurch erheblich dazu beigetragen, Branchenriesen wie TWA und Pan Am für immer vom Himmel zu verdrängen.

Wem Familie und Liebe zu viel des Guten sind, verwandelt seine Mitarbeiter in Partner. Auch das ist eine hohe Form der Wertschätzung, hat aber gleichzeitig auch einen willkommenen Nebeneffekt. Wer nämlich am Erfolg des Unternehmens beteiligt ist, gibt auch alles, um den Misserfolg zu vermeiden. Mitarbeiter mit persönlicher Verantwortung sind nachweislich zufriedener und glücklicher – und das nicht nur kurzfristig, wie man es von einem Bonus kennt. Auch wenn Geld im Leben bekanntlich nicht alles ist, so bin ich mir doch sicher, dass Engagement und Motivation zu Dauerdrogen werden, wenn ein üppiges Aktienpaket des eigenen Unternehmens im Depot landet. Mitarbeiter, die Aktien erhalten, werden am Unternehmenserfolg beteiligt – Mitarbeiter, die Aktien annehmen, beweisen Loyalität und glauben auch an zukünftiges Wachstum. In Silicon-Valley-

Unternehmen wie Fairchild Semiconductor und Hewlett Packard wird dieses System bereits seit Jahrzehnten praktiziert; in vielen anderen Industriesparten finden solche Bewegungen jedoch nur auf den Konten der obersten Führungsebene statt. Dabei sind Aktiengeschäfte für beide Seiten ein Gewinn. Das Unternehmen spart Steuern und kommt – wenn es Aktien zu vergünstigten Konditionen zum Kauf anbietet – günstig an benötigte Kredite, und der Mitarbeiter kann seine Altersvorsorge anreichern und steuerfreies Vermögen ansammeln. Sein unternehmerisches Risiko: Meldet die Firma Insolvenz an, ist nicht nur der Job, sondern auch der Unternehmensanteil verloren. Äußerst großzügig und motivationsfreudig zeigte sich in diesem Zusammenhang Twitter-Chef Jack Dorsey. Er verschenkte einen seiner Aktienanteile im Wert von 200 Millionen Dollar an seine Mitarbeiter und »zwitscherte« dazu: »Ich hätte lieber einen kleineren Teil von etwas Großem als einen größeren Teil von etwas Kleinem.«

Der Status quo: ein Dauerzustand

Jim Clifton, CEO des Meinungsforschungsinstituts Gallup in Washington, hat im Mai 2015 den alljährlichen Managerbericht veröffentlicht und die Umfragedaten analysiert. Die Zahlen beziehen sich zwar auf den US-Markt, doch hierzulande werden sich die Abweichungen in Grenzen halten. Jim Cliftons Fazit liefert keinen Grund zur Freude. Lediglich 30 Prozent aller Arbeitnehmer sind bei der Arbeit motiviert. Im Vergleich zum globalen Wert von 13 Prozent ist das schon mehr als ein Schulterklopfen wert. Wie desaströs dieser Wert allerdings tatsächlich ist, wird deutlich, wenn man den zweiten Satz liest: Dieser Wert ist seit zwölf Jahren nahezu konstant. 70 Prozent der Ursachen finden sich also in der Unternehmensführung selbst, denn die ignoriert diese Zahlen mit beeindruckender Konstanz. Die Zahlen lügen nicht, und die Psychologie noch weniger: Nur zehn Prozent sind als Führungskräfte geboren, weitere 20 Prozent haben genügend Talente und Anlagen, die sie – entsprechende Schulungen vorausgesetzt – zum Manager befähigen. 70 Prozent aller Mitarbeiter sind in Sachen Führungsstärke völlig talentfrei. Doch genau aus dieser Gruppe rekrutieren sich über 80 Prozent aller Führungskräfte. Eine andere These ist längst bewiesen: Aus einem schlechten Manager kann man niemals einen guten machen. Aber genau das wird ständig und überall versucht. Wenn Mitarbeiter, die unter solchen Managern leiden müssen, dann noch Dienst nach Vorschrift liefern, kann sich das Unternehmen glücklich schätzen. Kein Gehaltsscheck kann innere Kündigung neutralisieren, und wenn Manager Motivation und Kreativität aus den Köpfen der Mitarbeiter saugen, spüren das irgendwann auch die Kunden. Engagement der Mitarbeiter ist Voraussetzung für jedes Erfolgserlebnis, das Kunden dem Unternehmen bescheren. Es sind die Mitarbeiter, die Kunden binden, und es sind die Mitarbeiter, die Kunden selbst dann noch vom Unternehmen fernhalten, wenn diese Mitarbeiter längst beim Wettbewerber unterzeichnet haben.

Noch unverständlicher ist in meinen Augen die Logik, die sich über die Jahre in den Köpfen der Unternehmensführung festgefressen hat: Sie macht die Statistik zu einem festen Bestandteil ihrer Personalpolitik. Für sie ist innere Kündigung Teil des normalen Rudelverhaltens, und deshalb akzeptiert sie es als Naturgesetz. Sie behauptet: »Bei uns machen 30 Prozent lediglich Dienst nach Vorschrift. Prima, denn beim Wettbewerber sind es vermutlich mehr als 40 Prozent. Bei einer Belegschaftsgröße wie unserer ist es normal, dass ein paar faule Äpfel mitschwimmen.« Wer von solchen Führungskräften Loyalität und Motivation erwartet, wartet noch heute. Wer einmal Distanz zu einem Mitarbeiter aufgebaut hat, wird diese Mauer nie mehr niederreißen können. Ein falsches Wort zur falschen Zeit reicht aus, um solche Mauern zu errichten. Wenn fachliche Gespräche unter Mitarbeitern abrupt beendet werden, sobald der Vorgesetzte die Szene betritt, wenn die Zahl der Krankentage signifikant ansteigt und Mitarbeiter auch tatsächlich kündigen, kann nicht mehr von mangelnden Signalen gesprochen werden. Und wer Signale missachtet, obwohl das Erkennen solcher Signale zum persönlichen Aufgabenbereich gehört, sollte sich selbst hinterfragen. Aber genau diese Unfähigkeit ist es, die alle anderen Probleme nach sich zieht.

Mein Kopfschütteln geht weiter, wenn ich sehe, wie zahlreiche Unternehmen trotz dieser offensichtlichen Probleme das genaue Gegenteil nach außen verkünden: »Unsere Mitarbeiter sind unser höchstes Gut«, skandieren sie unisono, als hätten sie das Prinzip »Familie« seit Ewigkeiten verinnerlicht. »Mitarbeiter sind unser Stammkapital. Ohne unsere Mitarbeiter wären wir nichts.« Bewerber werden bereits systematisch belogen, bevor sie sich persönlich vorstellen.

Wie heißt es so schön? Zeiten ändern sich, und wer sich mit ihnen ändert, wird überleben. Die Zeiten haben sich längst geändert: Ein Mitarbeiter von heute muss nicht gemanagt werden – er ist erwachsen und intelligent genug, das selbst zu leisten. Ihm reicht eine klare und unmissverständliche Aufgabenstellung völlig aus; mit einer Unternehmenskultur im Rücken, mit der er sich zu 100 Prozent identifizieren kann, wird er diese Aufgabe mit Bravour meistern. Dafür verlangt er keineswegs jedes Mal eine Gehaltserhöhung. Ein Lob an der richtigen Stelle, glaubwürdig vorgetragen, reicht völlig aus, ihn für die nächste Aufgabe zu motivieren. Steht ein Mitarbeiter auf der Liste für eine Fortbildungsmaßnahme, ist das für ihn ein Signal, dass das Unternehmen in eine gemeinsame Zukunft investiert. Er revanchiert sich mit erhöhter Motivation – und beweist dadurch eine einfache mathematische Formel: Wer 40 Stunden hoch motiviert für sein Unternehmen denkt und handelt, leistet deutlich mehr als ein unmotivierter Kollege, der Woche für Woche ein Dutzend Überstunden leistet und somit wesentlich teurer ist.

Ein guter Manager weiß das. Und fördert es, indem er seinen Führungsstil anpasst. Wer seinem Mitarbeiter das Gefühl gibt, dass eine getroffene Entscheidung seine eigene ist, hat Qualitäten, die unbezahlbar sind. Familie ist ein Netzwerk, das auf Erziehung, Unterstützung, Kommunikation und Rollenakzeptanz basiert. In der Familie sitzen die Eltern beim Essen nicht im Offizierskasino, sondern am gemeinsamen Tisch. Persönliche Gespräche zwischen Mitarbeitern und Managern, von denen man weiß, dass sie länger dauern, müssen nicht im muffigen Büro stattfinden. Ein gemeinsamer Spaziergang im Park um die Ecke sorgt für eine lockere Stimmung. Alles, was anders ist als das, was man kennt, bleibt im Langzeitgedächtnis haften. Wer sich selbst als Familienmitglied sieht und sich auch selbst managen darf, dem liegt das Wohl der Familie am Herzen. Der Blick auf die Uhr verschwindet. Ein guter Manager weiß auch das. Doch die Gallup-Studie zeigt: Nur 18 Prozent der Manager sind gute Manager – 82 Prozent sind eine glatte Fehlbesetzung. Schüsse gehen auch schon mal nach hinten los: Es gibt verdammt gute Mitarbeiter, die aus Gründen der Anerkennung einen Führungsposten erhalten, für den sie weder geboren noch geeignet sind. Viele Führungskräfte erhalten einen Managerposten sogar einzig und allein aufgrund ihrer Unternehmenstreue. Doch weder Erfahrung noch herausragende Leistung sind Garantien für Führungstalent. Die Unternehmensführung mag es gut gemeint haben, doch wer versucht, etwas Rundes in etwas Eckiges zu drücken, tut sich und seinen Mitarbeitern – zumindest außerhalb des Fußballfelds – keinen Gefallen. Was in diesem Zusammenhang genauso oft wie gern übersehen wird: Talentierte und somit gute Manager sind selbst deutlich motivierter. Und der Schneeballeffekt kann sich sehen lassen: Mitarbeiter, die von einem motivierten Manager geführt werden, sind um bis zu 70 Prozent engagierter. Unter diesen Aspekten kann man verstehen, dass 50 Prozent aller Kündigungen unmittelbar und ausschließlich in der Person des Vorgesetzten begründet sind.

Und die Moral von der Geschichte? Charismatische Führer sind wie Topverkäufer. Sie sind auf den ersten Blick Superstars, doch auf den zweiten Blick wird deutlich, dass nicht ihre unmittelbare Leistung den Erfolg bringt, sondern die Motivation, die sie bei den Mitarbeitern auslösen. Die Masse bringt den Erfolg und den Umsatz, nicht der Einzelne oder eine kleine Gruppe. Mit einem interessanten Experiment hat der Evolutionsbiologe William Muir von der Purdue University in West Lafayette, Indiana, diese These bewiesen. Er stellte sich die Frage »Wie können Teams effektiver werden?«. Zu diesem Zweck untersuchte er die Produktivität von Hühnern, die er in zwei Gruppen unterteilte und über einen Zeitraum von sechs Generationen beobachtete. Die eine bestand aus guten Eierlegern, die andere aus »Superchicken«, den besten Eierlegern, die er finden konnte. Am Ende des Testzeitraums stand das überraschende Ergebnis: Die Standardgruppe hatte sich über die Jahre deutlich verbessert, die Gruppe der Superchicken bestand nur noch aus drei Tieren – die übrigen hatten sich zu Tode gepickt.

Bezogen auf die Produktivität und die Denkstrukturen von Unternehmen lassen sich erstaunliche Parallelen erkennen. Auch Unternehmen haben in den letzten Jahren versucht, eine Kultur der Besten zu etablieren, und dabei trotz aller gegenteiligen Erkenntnisse weiterhin versucht, den Besten hoch qualifizierte Spitzenkräfte zur Seite zu stellen – im festen Glauben, dass diese Gruppen sich gegenseitig ergänzen, befruchten und die Produktivität in der Folge signifikant erhöhen. Doch aus meiner langjährigen Praxis als Unternehmensberater weiß ich: Machtkämpfe und Eitelkeiten bewirken seit Jahrzehnten das genaue Gegenteil. Harmonie, Sympathie und Empathie schlagen jede Qualifikation, und nur familiäre Strukturen besitzen die Fähigkeiten, Talente in Stärken zu verwandeln. Superstars und Talente sind beispielsweise auch in der Musikbranche nicht in der Lage, eine Band zusammenzuhalten. Bands, die über Jahrzehnte die Musikwelt prägen, schaffen das nur, weil das soziale Miteinander irgendwann das notwendige Level erreicht hat.

Führung braucht Qualität *und* Quantität

Was zeichnet eine exzellente Führungskraft aus? Ich denke, es ist in erster Linie die Einsicht, dass man nicht mit seinen Mitarbeitern im Wettbewerb steht. Es wird immer Mitarbeiter geben, die wissen, dass sie fachlich besser sind. Es ist auch nicht die Aufgabe der Führungskraft, besser zu sein oder die Dinge gut zu machen. Die Aufgabe eines Managers ist es, seine Leute dazu zu bewegen, die Dinge gut zu machen. Das hat allerdings mehr mit Inspiration als mit Instruktion zu tun. Ein geflügeltes Wort sagt: »Mitarbeiter verlassen nicht Firmen, sondern Vorgesetzte.« 50 Prozent aller erforderlichen Motivation entsteht bereits, wenn der Mitarbeiter einen guten Draht zum Vorgesetzten hat, wenn er sich fair behandelt fühlt und Feedback nicht erst anfordern muss. Alle kleinen Kinder fragen bei einer Autofahrt: »Sind wir jetzt endlich da?«, selbst wenn sie mit der Antwort »in 40 Minuten« nichts anfangen können. Der Manager ist der Teamarbeiter mit dem Überblick über das große Ganze. Er weiß, wie weit das Projekt fortgeschritten ist und welche Schritte noch erforderlich sind. Kommunikation und Interaktion sind heute die Schlüsselqualifikationen eines Managers. Keiner wünscht sich heute die Laisser-faire-Methoden früherer Zeiten zurück, die darauf beruhten, sich alle paar Wochen nach dem Stand der Dinge zu erkundigen.

Mitarbeiter kündigen wegen Vorgesetzten. Was pauschal klingt, hat unendlich viele Auslöser. Das liegt daran, dass alle Mitarbeiter verschieden sind. Der eine kann mit unberechtigter Kritik umgehen, der andere eher nicht; der eine gibt einem Vertrauensbruch noch eine Chance, der andere eher nicht; der eine leidet, weil er keine Perspektiven sieht, der andere kündigt, weil er weiß, dass er schon morgen einen besseren Job hat. Es mag paradox klingen, aber Führungskräfte müssen dienen können. Und sie müssen die Gabe besitzen, andere an ihren Wünschen, Träumen und Zielen teilhaben zu lassen und sie dadurch stärker zu machen. Nur wer sich selbst fordert, kann auch andere fordern – wer immer nur nimmt, wird schnell durchschaut. Wer als Führungskraft heute erfolgreich sein möchte, muss jeden einzelnen seiner Mitarbeiter kennen. Und damit meine ich nicht nur seine Stärken und Schwächen, sondern auch sein Leben, seine Träume, seine Familienverhältnisse, seine Art zu denken. Einfach alles. Denn nur dann kann er auch wissen, wo er bei jedem Einzelnen den Hebel ansetzen muss, welche emotionalen Knöpfe er drücken muss und welche er lieber nicht berührt.

Unternehmenskultur erzeugt Gemeinschaft

Was sind die Ursachen für unternehmerisches Scheitern? In erster Linie vermutlich die Tatsache, dass – gerade in großen Unternehmen, wo das Controlling Entscheidungen massiv beeinflusst – alles gemessen wird. Alles außer den Dingen, die wirklich zählen. Prozente, Quotienten und stochastische Werte geben uns ein Gefühl von Kontrolle und Sicherheit, Zahlen werden zu heiligen Kontrollinstrumenten. Doch das alles ist nur Illusion. Unternehmenskultur ist das Geheimrezept, das immer funktioniert, aber nur selten Anwendung findet. Und obwohl Unternehmenskultur nichts kostet, werden alle anderen Wege beschritten, deren Kosten erst einmal in unzähligen Meetings und von ebenso vielen Gremien abgenickt werden müssen. Doch wie will man Unternehmenskultur mit Zahlen messen? Weil das nicht funktioniert, scheint diese Option eine ungeeignete zu sein. Unternehmenskultur lässt sich nicht befehlen; sie muss langsam wachsen und ist zudem abhängig von der Bereitschaft der Mitarbeiter, diese Philosophie mitzutragen. Das Interessante daran: Je näher die Kultur dem natürlichen sozialen Verständnis jedes Einzelnen entspricht, desto größer ist die Wahrscheinlichkeit, dass sie akzeptiert wird. Das Investment ist also mehr als überschaubar, denn niemand muss sich verbiegen, um diese Werte zu vertreten und im zweiten Schritt zu leben. Was kostet beispielsweise die Bereitschaft zum offenen Dialog? Warum gibt es in einer Welt, in der Freiheit, Verantwortung und Bereitschaft zu ständigem Lernen selbstverständliche Teile des Lebens sind, immer noch so viele Unternehmen, die an strengen Hierarchien festhalten? Wenn jeder einzelne Mitarbeiter das Recht und somit die Macht hat, den Knopf zu drücken, der das Produktionsband stoppt, ohne vorher einen Antrag zu stellen, ist das ein Gewinn. Nicht nur für das Unternehmen, sondern für jeden Einzelnen.

Das beste Beispiel für erfolgsorientierte Unternehmenskultur ist das Ideenmanagement. Früher hatten nur die Superhirne eines Unternehmens das Recht auf eine Meinung. Das Wissen von Millionen von Mitarbeitern, von anonymen Superhirnen, lag brach. Heute geht das Ideenmanagement Hand in Hand mit dem Beschwerdemanagement und nutzt nicht nur dem Kunden, sondern letztendlich auch der eigenen Bilanz.

Mangelnde Unternehmenskultur führt zu Passivität auf beiden Seiten und zu einem Teufelskreis, der nur schwer zu durchbrechen ist. Während die Führungsetage die Leistungsbereitschaft der Mitarbeiter bemängelt, kritisieren die Mitarbeiter den Führungsstil der Unternehmensleitung – von den Qualitäten der direkten Vorgesetzten ganz zu schweigen. Das Ende vom Lied: Mitarbeiter behalten ihre Ideen für sich. Und das nicht allein aus böser Absicht, sondern in erster Linie aus Angst vor Kritik und Kündigung. Wenn Schweigen zu einer Form der Passivität wird, hat es ein Unternehmen schwer, die Alarmglocken zu hören. Am Ende hat man eine Kultur erschaffen, die keinen Nährboden für neue Ideen zur Verfügung stellen kann. Das ist gleichzeitig der Anfang vom Ende. Dann ist es bereits zu spät zu erkennen, dass Zuhören ein wichtiger Teil von Kommunikation und Schweigen alles andere als Gold ist. Und dass die ganze Energie, die ein Unternehmen nach vorn bringen kann, darauf ver(sch)wendet wurde, auf Positionen zu verharren und Schwächen zu vertuschen.

Doch Achtung: Auf der anderen Seite gibt es nur wenige Dinge, aus denen so viel erwächst wie aus einem kreativen Konflikt. Eine Unternehmenskultur, die Konflikten eine Plattform bietet, die solch eine Kreativität erzeugt, ist leicht zu erschaffen. Sie muss einfach nur definiert werden. Ein Leitfaden ist alles, was dazu nötig ist. Das Problem ist nur: Wie werden diese Werte vermittelt? Wie kann ein Mitarbeiter beweisen, dass er sie verstanden hat? Was wird von ihm erwartet? Wird der regelmäßige Beweis zwischen den Zeilen einge-

fordert oder reicht es aus, wenn man nicht gegen die Statuten ver-
stößt? Was nutzt eine Kultur, die Fehler entdeckt und verzeiht, auf
der anderen Seite aber schweigt, wenn Leistungen erbracht werden,
die das Unternehmen weit nach vorn katapultieren?

Am Ende bleibt Vertrauen der Anfang von allem. Schauen wir im
nächsten Kapitel einmal, wie Vertrauen den Einzelnen motiviert.

Was denkt Daniel?

»Ich persönlich habe mit Marketing nicht viel am Hut. Ich glaube,
den meisten anderen geht es ebenso – abgesehen natürlich von
den Kollegen aus der entsprechenden Abteilung. Was ich damit sagen möchte: Für mich sind Employer Branding, Unternehmenskultur und Unternehmensphilosophie zwar unterschiedliche Begriffe,
aber doch irgendwie dasselbe. Ich könnte jetzt die filigranen Unterschiede nicht definieren. Für mich ist wichtig, dass ich mich bei
einem Unternehmen mit hohen unternehmerischen und Gemein-
schaftszielen bewerbe. Noch wichtiger ist allerdings, dass mein Unternehmen das auch tatsächlich alles umsetzt.

Ich glaube, alle Mitarbeiter dieser Welt möchten arbeiten, um – neben dem Lebensunterhalt – auch Sinnvolles zu leisten. Morgens
Löcher buddeln und abends wieder zuschaufeln möchte niemand.
Ich verstehe, dass Fortschritt und Gewinn wichtig sind – Kapita-
lismus und freie Marktwirtschaft zwingen uns dazu –, aber wenn
ich sehe, dass Unternehmen lügen, um Umsätze zu steigern, dann
ist das für mich auch ein Vertrauensbruch gegenüber den Mitarbeitern. Wer beispielsweise an Lieferanten – ich war ja auch mal
einer – hohe ethische Anforderungen stellt und diese selbst mit Füßen tritt, hat mein Vertrauen erst einmal verspielt. Der eine verpes-
tet den Golf von Mexiko und entzieht sich seiner Verantwortung,
der andere manipuliert Software, der Nächste predigt Anstand und
Ehrlichkeit und steht dann in den Panama Papers: Wer wirklich den
Mitarbeiter in den Mittelpunkt stellt, sollte als Mensch auch mit
gutem Beispiel vorangehen. Am Ende betrügt und schädigt man
nämlich alle, und zuerst natürlich die Kollegen, die man tags zuvor
noch angelächelt hat.

Was ich bei uns prima finde, ist das Ideenmanagement. Das funktioniert wirklich hervorragend. Noch besser wäre es natürlich, wenn man auch in andere Unternehmensbereiche reinschnuppern könnte, dann ließen sich dort auch Defizite erkennen und abstellen. Der Blick von außen ist nicht nur die große Stärke der Unternehmensberater. Ich habe das vor ein paar Wochen mal angeregt, aber bisher noch kein Feedback erhalten. Hier zeigt sich natürlich das Manko eines Konzerns unserer Größenordnung: Entscheidungen müssen erst durch alle Hierarchien abgesegnet und besiegelt werden. Hier wünsche ich mir natürlich schon des Öfteren flachere Hierarchien und in der Folge kürzere Wege. Wenn man bedenkt, wie viele Entscheidungen tagtäglich bei uns getroffen werden, frage ich mich, warum das noch keiner abgestellt hat. Ich werde das gleich morgen als neue Idee einreichen.

Wir arbeiten zwar in wechselnden Teams, aber im Großen und Ganzen rekrutieren die sich immer aus demselben Personalstamm. Das ist schon eine lockere Atmosphäre, aber als Familie würde ich das bei uns zumindest noch nicht bezeichnen. Dafür teilen wir einfach zu wenig Freizeit. Ich habe zwei Kinder, und mit den kinderlosen Kollegen hat man da einfach zu wenig Kontaktpunkte. Aber ich denke schon, dass gelegentliche Teamausflüge uns noch mehr zusammenschweißen könnten. Das Thema Event wird ja heute großgeschrieben, aber ich glaube, wer zusammen arbeitet, kann auch mal gemeinsam feiern gehen oder irgendwelche Outdooraktivitäten genießen.

Zum Thema schwache Führungskräfte muss ich sagen, dass ich fast ein Betroffener bin. Ich hatte bei meinem ersten Job auch einen Vorgesetzten, der nicht jedermanns Sache war. Alle wussten, dass er keine Ahnung hatte, aber wenn man dann gesehen hat, mit welcher Eloquenz er das vertuschen konnte, musste man schon den Hut ziehen – oder ihn nehmen. Ich zumindest habe in solchen Sachen ein dickes Fell. Ich persönlich habe das Unternehmen gewechselt, weil mich die neue Aufgabe gereizt hat, aber ich kann mir gut vorstellen, dass eine schlechte Führungskraft oder mobbende Kollegen den einen oder anderen aus dem Unternehmen ekeln können. Das hängt auch immer davon ab, wie sehr man glaubt, von dem Job abhängig zu sein.«

3. Individualität trifft Wertschätzung

Der Mensch im Vordergrund

Wer seine Unternehmenskultur dem Zufall überlässt, handelt fahrlässig. Ein Unternehmen ist eine soziale und kulturelle Einheit. Gesetze sind pauschal, sie gelten für alle, und doch will und muss jeder Einzelne eine individuelle Behandlung erfahren. Wer das Gefühl hat, dass die oberste Führungsebene sich Zeit nimmt, die eigenen, persönlichen Bedürfnisse zu erkennen und entsprechend zu agieren, ist zu allem bereit.

Vorbei sind die Zeiten, in denen ein Mitarbeiter nur eine Nummer auf einem Lohnstreifen war. Ein Unternehmen mit 10.000 Mitarbeitern besteht heute aus ebenso vielen Individualisten, von denen sich jeder Einzelne für den Mittelpunkt der Welt hält, um den herum sich alles andere dreht. Daraus erwachsen Probleme. Im Team muss sich jeder unterordnen, was insbesondere den Extrovertierten gelegentlich schwerfällt. Einfühlungsvermögen des Teamleiters ist gefragt, damit das Teamziel nicht bereits im Keim an ständigen Diskussionen zu ersticken droht. Hohe Individualität schafft aber auch neue Chancen. Wer seine Ansprüche erfüllt sehen möchte, muss auch ein höheres Maß an Verantwortung schultern – nicht nur für sich selbst, sondern auch für seine Arbeit. Selbstständiges Denken wiederum ist eine Petrischale für neue Ideen, und wo neue Ideen miteinander kombiniert und Standardprozeduren hinterfragt werden, werden Ziele schneller erreicht. Die Kommunikationsbedürfnisse jedes Einzelnen müssen erkannt werden, und auch Kritik an den Ideen der Führungskräfte muss erlaubt sein. Ein Individualist, der das Gefühl hat, sich frei entfalten zu dürfen, muss nicht mehr motiviert werden. Er motiviert sich selbst. In einer solchen Kultur wächst automatisch der Wettbewerb untereinander, und das wiederum führt zu noch höherer Produktivität.

Wer fair behandelt wird, revanchiert sich mit erhöhter Loyalität. Als Arthur T. Demoulas 2008 in Neuengland zum CEO der regionalen Supermarktkette Market Basket gewählt wurde, stiegen die Umsätze des Familienunternehmens in den Folgejahren von drei auf vier Milliarden US-Dollar; die Belegschaft wuchs von 14.000 auf 25.000 Mitarbeiter. Sein Motto: Nicht der Profit zählt, sondern der Mensch. Arthur T. kannte die Namen seiner Mitarbeiter ebenso wie ihren Geburtstag, und er verpasste keine Hochzeit und kein Begräbnis. Seine Mitarbeiter liebten ihn.

Hinter den Kulissen sah es nicht so friedlich aus. Seit 25 Jahren kämpfte Arthur T. einen stillen Krieg gegen seinen Cousin Arthur S., der ein größeres Stück vom Kuchen beanspruchte und eine Übernahme der Gesellschaft plante. Dazu musste er die Familie hinter sich versammeln, und er scheute sich nicht, zu diesem Zweck Zahlen und Fakten zu manipulieren. Am 23. Juni 2014 war es so weit: Arthur T. und zwei weitere Führungskräfte wurden gefeuert. Doch der Schuss ging nach hinten los. In der Folge kündigten sechs weitere Führungskräfte, um ihre Loyalität zu Arthur T. zu beweisen. Das wiederum war das Zeichen für 25.000 Mitarbeiter, ebenfalls Loyalität zu demonstrieren. Sie legten die Arbeit nieder und protestierten gemeinsam mit Kunden für ihren Präsidenten. Einen Monat blieben die Kunden fern, dann brach der Vorstand ein. Arthur T. Demoulas kaufte die Aktienmehrheit und brachte das Schiff wieder auf Kurs.

Arthur T. schaffte es in die Schlagzeilen als »America's Most Loved CEO«. Er blieb seiner Devise weiterhin treu und weigert sich bis heute, die einfachen Wege zu gehen. Im Gegensatz zu anderen Supermarktketten gibt es bei ihm beispielsweise keine automatischen

Kassen, an denen die Kunden die Waren selbst scannen können. Ihm ist es wichtig, dass »Menschen sich um Menschen kümmern«.

Wertschätzung erzeugt Selbstvertrauen

Unsere Umwelt prägt unser Verhalten. Das Ganze nennen wir dann Psychologie, und niemand kann ihr entfliehen. Im Leben zählen nur die Stärken, und deshalb versuchen wir mehr oder weniger erfolgreich, unsere Schwächen vor den anderen zu verbergen. Wir orientieren uns an den Stärksten, machen sie zu unseren Vorbildern und entfliehen in eine Parallelwelt. Das geht in vielen Fällen so weit, dass man davon träumt, das Leben eines anderen zu führen.

Kann ich das schaffen? Was bin ich wert? Solche Fragen stellen wir uns häufig im Leben, und wenn uns niemand den Rücken stärkt, kann es passieren, dass unsere Selbstzweifel die Oberhand gewinnen. Bleibt die Anerkennung für geleistete Arbeit aus, ist der Effekt ein ähnlicher. Wir zweifeln am Wert unserer Arbeit und ersticken dadurch auch den letzten Hauch Selbstmotivation. Je schwächer wir sind, desto schlimmer sind die Folgen. Wir glauben, dass alle um uns herum das Bild sehen, das wir von uns selbst haben, und deshalb lieben wir offenes und ehrliches Feedback, damit wir unseren Stellenwert neu einschätzen können. Ein Lob für gute Arbeit ist Motivation, es beim nächsten Mal noch besser zu machen – mit dem Ziel, noch mehr Anerkennung zu erhalten.

Anerkennung stillt emotionale Bedürfnisse. Das meiste Selbstvertrauen erzeugt man, wenn man jemandem Aufgaben zuweist, die besondere Fähigkeiten erfordern – und diese Voraussetzung auch vorab kommuniziert. Ein nicht ausgesprochenes »Das traue ich dir zu« ist ein Motivator par excellence. Ein anschließendes Lob ist eine Streicheleinheit, ein Lob vor Teamkollegen die Steigerung. Wer die höchste Stufe der Motivation zünden will, lobt den Mitarbeiter vor einem Mitglied der Unternehmensführung, den er mit Einzelheiten über die Schwierigkeiten der gemeisterten Aufgabe versorgt. Solch ein Motivationsschub hat Langzeitwirkung. Um Missverständnissen vorzubeugen: Wertschätzung sollte nicht der Leistung gelten, sondern immer demjenigen, der sie erbracht hat.

Die einfachste Form der Anerkennung und gleichzeitig die mit dem geringsten Aufwand: zuhören. Zuhören und anschließend interessiert nachhaken. Wer Fragen stellt, von denen er weiß, dass sein Gegenüber die Antwort kennt, lässt ihn glänzen. Wertschätzung ist wichtig, weil Mitarbeiter ihre Position innerhalb der Belegschaft bewerten wollen. Eine Führungskraft, insbesondere der Vorstand, braucht solche motivationsbasierte Anerkennung nicht. Er weiß, wo er in der Rangfolge des Rudels steht, und er weiß, dass nach oben keine Luft mehr ist.

Zuhören hat viel mit bewerten zu tun. Wir lauschen denen, die wir schätzen, und lassen uns von denen, die wir am meisten schätzen, auch am meisten beeinflussen. Meinungen von Leuten, die wir nicht schätzen, ignorieren wir. Wir hören ihnen nicht zu und bewerten sie dadurch, insbesondere dann, wenn ihr soziales Umfeld anwesend ist und diese Bewertung registriert. Wenn Manager Teammitglieder unterbrechen und deren Worte durch die eigene Meinung ersetzen, entwerten sie alles, was gesagt wurde. Sie vernichten Selbstvertrauen. In den meisten Fällen sind die Folgen unheilbar.

Selbstvertrauen ist Voraussetzung für Zufriedenheit. Für viele ist es sogar Voraussetzung für das persönliche Glück. Nur wer zufrieden und glücklich ist, kann kreativ und produktiv sein. Das macht Selbstvertrauen zu einem ökonomischen Grundbedürfnis.

Technologie und Selbstvertrauen

Seit wann denken wir über das Denken nach? Jäger und Sammler hatten dafür keine Zeit, denn die verbrachten sie mit Jagen und Sammeln, um das Überleben zu sichern. Überleben, um die Art zu erhalten. Harte Arbeit von morgens bis abends bestimmte das Leben, und die einzige Abwechslung in diesem Leben war der Hunger, der die Menschen plagte, wenn der Jagderfolg ausblieb und man weiterziehen musste, weil keine Beeren, Pilze, Nüsse und Wurzeln mehr gefunden wurden.

Tausende Jahre folgten, und all diese Jahre waren geprägt von schwerer körperlicher Arbeit. Das alles änderte sich, als die Maschinen begannen, uns diese Arbeiten abzunehmen. Doch längst hatte sich in den produzierenden Unternehmen eine militärische Hierarchie gebildet. Eine Handvoll Menschen übernahm die Kopfarbeit, während das Millionenheer weiterhin körperlich gefordert war. Die Denker gaben die Befehle, die Arbeiter führten sie aus. Niemand stellte das System infrage, und niemand stellte die Frage nach Wertschätzung und Selbstvertrauen.

Heute sieht die Situation völlig anders aus. Körperliche Arbeit ist dank Technologie immer weiter auf dem Rückmarsch, und Kopfarbeit muss heute jeder leisten, wo immer er sich auf der Hierarchieleiter auch befindet. Jede Position in einem Unternehmen erfordert heute spezielle Kenntnisse, damit wir die zur Verfügung stehende Technologie optimal einsetzen können. Ständiges Lernen produziert ständig neue Ideen, und auf dieser Stufe ist der Anteil an körperlicher Arbeit überschaubar. Bildung, die früher nur den oberen Zehntausend vorbehalten war, ist heute für jeden verfügbar, und immer mehr Kanäle stellen sie uns zur Verfügung. Mit dem immer schnelleren Fortschreiten der Technologien werden auch Lerninhalte immer komplexer und es wird immer schwieriger für den Einzelnen, erst kürzlich erworbenes Wissen durch neues, besseres zu ersetzen. Neue Hardware und neue Software, die sich in immer kürzeren Zeitabständen immer schneller erneuern, fordern unsere Köpfe zu immer neuen Höchstleistungen heraus. Das alles lässt sich nur mit einem hohen Maß an Selbstwertgefühl meistern, denn wer seinen Kopf zusätzlich mit Selbstzweifeln belastet, muss dafür kostbare Energiereserven zur Verfügung stellen. Selbstzweifel basieren auf einem Programmierfehler. Wir denken, dass unser Selbstwertgefühl das Produkt unserer Umgebung ist, obwohl es doch in erster Linie auf der eigenen Fehleinschätzung unserer Fähigkeiten beruht.

Fordern und fördern

Motivation ist Chefsache, und Chef ist immer derjenige, der führt. Aus der Sicht des Mitarbeiters ist das der Teamleiter ebenso wie der Manager, der Abteilungsleiter und der Geschäftsführer – unterm Strich also jede Person im Unternehmen, die direkten Einfluss auf sein Wohlbefinden hat. Motivation ist wichtig, denn wer Motivation erfährt, fühlt sich wertgeschätzt. Optimale Motivation kann demnach nur entstehen, wenn die Vorgesetzten für jeden einzelnen Mitarbeiter *gemeinsam* eine Strategie entwickeln, die eine Umgebung zur Verfügung stellt, die höchstmögliche Zufriedenheit und maximalen Output generiert. Doch in welchem Unternehmen wird das tatsächlich so praktiziert? Motivation und Wertschätzung funktionieren in nahezu allen Unternehmen wie ein Aquarium: Jeder, der vorbeikommt, nimmt das Döschen mit dem Fischfutter und streut ein paar Flocken auf die Wasseroberfläche. Ein Lächeln hier, ein Dankeschön dort, und vom Dritten ein Schulterklopfen. Wer wirklich effektiv motivieren möchte, muss seinen Mitarbeiter kennen. Wer sich das Prinzip »Familie« auf seine Fahne geschrieben hat, muss wissen, wie der Mitarbeiter denkt – ihn also fast genauso gut kennen wie seine eigenen Kinder. Welche Ziele hat er? Welche Wünsche, Träume und Sehnsüchte treiben ihn an? Das müsste eigentlich so weit gehen, dass man fragt: Welche privaten Probleme belasten ihn? Und was können wir leisten oder beitragen, diese zu lösen? Wer alles über seinen Mitarbeiter weiß, kennt auch seinen persönlichen

Biorhythmus: Wann ist er am leistungsfähigsten? Zu welcher Tageszeit hat er seinen Tiefpunkt?

Denken wir weiter und stellen wir weitere Fragen. Wie oft übertragen wir dringende Aufgaben an Mitarbeiter, die fünf Minuten vor ihrem Tagestiefpunkt stehen? Wie viele Mitarbeiter haben die meiste Energie um sieben Uhr morgens, die aber sinnlos und ungenutzt im Nirgendwo verpufft, weil die Stempeluhr erst um neun Uhr bedient wird? Und jetzt lassen Sie die Zahlenkünstler aus Finanzwesen und Controlling ermitteln oder auch nur schätzen, wie hoch die Differenz zwischen Istzustand und dem Optimum der Leistungsfähigkeit ist – um wie viel Prozent Sie durch Optimierungsmaßnahmen die Produktivität des gesamten Unternehmens erhöhen könnten. Das Ergebnis wird Sie nicht nur begeistern, sondern geradezu verblüffen.

Doch bleiben wir realistisch und schauen uns den Istzustand an. Hier stelle ich Ihnen zur Anregung ein paar rhetorische Fragen: Wie hoch ist nach Ihrer Meinung die Zahl der Manager in Ihrem Unternehmen, die das Leistungsniveau in ihrer Abteilung künstlich niedrig halten? Wie viele Vorgesetzte haben Angst, dass die Ebene über ihnen erkennt, dass ein oder gar mehrere Mitarbeiter seiner Abteilung leistungsfähiger und kreativer sind als sie selbst? Trotz ständiger Beschwörung sämtlicher Teamgeister ist sich doch am Ende jeder selbst der Nächste.

Sie sehen: Bremsen gibt es in jedem Unternehmen. Keiner will sie wahrhaben, weil keiner sie sieht. Und man sieht sie nicht, weil man nicht nach ihnen sucht. Wissen Sie eigentlich, wie oft Aufgaben nicht an Mitarbeiter übertragen werden, weil man ihnen die erforderliche Lösungskompetenz schlicht und einfach nicht zutraut? Diese Aufgabe bürdet man dann dem Abteilungsbesten auf, der sich vor Arbeit nicht mehr retten kann und – Stress sei Dank – am Rande des Kollapses steht. In wie vielen Fällen trauen wir Mitarbeitern etwas nicht zu, weil wir sie einfach nicht gut genug kennen? Haben Sie Ihre Mitarbeiter schon einmal gefragt, in welchen Kompetenzbereichen sie sich am wohlsten fühlen? In welchen sie nach eigener Einschätzung am effizientesten eingesetzt werden können? Jeder kennt sich doch schließlich selbst am besten.

Am Ende ist jeder Mitarbeiter auch nur ein Mensch. Genau wie Sie. Fragen Sie sich doch einfach mal selbst: Was motiviert mich eigentlich? Ist es das Lob meines Vorgesetzten oder meine eigene innere Zufriedenheit über das Erreichen eines Ziels? Und warum habe ich das eigentlich geschafft? War es der Druck von außen oder vielleicht doch eher einfach nur der Spaß an der Herausforderung? Vielleicht kommt Ihnen folgendes Szenario bekannt vor: Sie stehen unter Zeitdruck und übertragen deshalb am Morgen eine schwierige Aufgabe nicht an ein Team, sondern an mehrere einzelne Mitarbeiter – in dem Glauben, dass einer von ihnen bei konzentrierter Arbeit die Lösung findet. Und tatsächlich: Am frühen Nachmittag klopft es an Ihrer Tür. Ein Mitarbeiter präsentiert einen richtig guten Lösungsvorschlag. Dieser Mitarbeiter gehört allerdings nicht zu der Gruppe, von der Sie sich ursprünglich die Lösung erhofft hatten. Sie bedanken sich und denken: Wow, das hat er richtig gut gemacht. Heute ist er wirklich über sich hinausgewachsen. Doch vielleicht ist das ein Irrtum. Weil Sie ihn nicht gut genug kannten, haben Sie ihn möglicherweise mit Ihren persönlichen Bewertungskriterien zensiert und in eine Schublade mit der Aufschrift »Leistungslevels« gepackt. Frei nach dem Motto »Das traue ich ihm maximal zu«. Allerdings ist jeder Mitarbeiter eine individuelle Persönlichkeit und jeder hat sich eins von zwei Motiven in sein Logbuch des Lebens geschrieben. Entweder prägt ihn in erster Linie die Gier nach Erfolgsmomenten oder aber die Angst vor Misserfolgen. Der Erfolgshungrige vertraut auf seine Fähigkeiten – er weiß, was er kann. Der Ängstliche liebt den Erfolg ebenfalls, sieht sich allerdings nie als Schlüsselfigur, sondern eher als Mitläufer, den eher der Zufall in die Erfolgsspur geführt hat. Bereits im Recruitingprozess kann man mithilfe leistungsstarker Analysetools – also den richtigen Fragen – erkennen, welcher Kategorie der Bewerber zuzuordnen ist, um ihn anschließend durch geeignete Motivationsprogramme zu steuern. Die Entfaltung der optimalen Leistungskraft eines Mitarbeiters liegt nicht beim Mitarbeiter allein, aber auch nicht allein in der Verantwortung des Unternehmens. Man muss sich ergänzen, und um sich perfekt ergänzen zu können, muss man sich gut kennen. Wenn die notwendigen Antennen nicht vorhanden sind, um Signale empfangen und auswerten zu können, ist der Versuch zu motivieren allerdings zum Scheitern verurteilt. Auf der anderen Seite haben hoch motivierte Mitarbeiter eine Dominofunktion. Sie stecken die Teamkollegen regelrecht an und erzeugen so unbewusst eine positive Grundstimmung, manchmal sogar ein Gefühl der Begeisterung.

So machen Sie jeden Mitarbeiter glücklich

Haben Sie Ihre Mitarbeiter schon einmal im persönlichen Gespräch gefragt, mit wem sie am liebsten zusammenarbeiten? Oder mit wem sie gern einmal zusammenarbeiten möchten? Ob Sie es glauben oder nicht: Wer es sich aussuchen darf, wählt seinen Kollegen nicht nach Schönheitsaspekten aus, sondern nach Kompetenzen. Natürlich muss auf beiden Seiten in erster Linie die Chemie stimmen. Danach kann man sich fragen: Von wem kann ich lernen? Wer kann mich motivieren? Wer hat nicht nur Kompetenzen, sondern kann auch meine eigenen fördern? Das muss nicht immer derjenige sein, mit dem ich abends noch ein Bier trinke. Mentoren sind Gott sei Dank nicht immer alte, weise Männer mit weißen Bärten. Wenn man sich seine Kollegen aussuchen darf, bewertet man die eigenen Entfaltungsmöglichkeiten, die sich aus dieser neuen Beziehung ergeben könnten: Wer bremst mich am wenigsten aus? Wer wirkt nicht wie ein Störsender auf mich? Wer ist eher ein Stresskiller als ein Stressauslöser?

Wer Mitarbeiter hingegen in die Zwangsehe befiehlt, ist mitverantwortlich für Leistungsabfall, Mobbing und alle daraus resultierenden Defizite im Bereich Motivation. Man nimmt den Menschen am Ende das Gefühl, dass für sie gesorgt wird, dass ihnen eine Umgebung zur Verfügung gestellt wird, die Höchstleistungen ermöglicht. Wer sich verlassen fühlt, wird reagieren. Im besten Fall mit Passivität, im schlimmsten mit Kündigung. Solch ein Prozedere wird als Vertrauensverlust gewertet und viele Arbeitsverhältnisse endeten schon mit dem Satz »Ich vertraue dir nicht mehr«.

Spezialeinheit Familienunternehmen

Sie verbinden das Beste aus zwei Welten: Familienunternehmen sind oftmals klein und wendig wie Start-ups – und konstant leistungsfähig wie Großunternehmen. Gerade im Bereich der Größenordnung bis 200 Mitarbeiter ist die Mischung aus Tradition und modernem Weitblick beeindruckend. Solche Unternehmen atmen den Geist einer ganz besonderen Mitarbeiterkultur, denn wenn der Geschäftsführer jeden Mitarbeiter persönlich kennt, lässt sich über Kommunikation viel Vertrauen und Loyalität aufbauen. Wir haben uns mit vielen Personalleitern beziehungsweise Geschäftsführern zu den Buchthemen ausgetauscht und spannende Gedanken über Recruiting, Mitarbeiterbeziehungen und Führungstechniken kennengelernt. Viele dieser Gedanken sind ins Buch eingeflossen, eine Handvoll möchten wir hier explizit vorstellen.

➤ **Die WULFF GmbH & Co. KG** mit Sitz im westfälischen Lotte blickt auf 126 Jahre Geschäftstätigkeit zurück. Hier handelt man mit Produkten für Maler, Verleger, Lackierer und Tischler und produziert auch Eigenmarken, insbesondere im Bereich Klebstoffe. Der geschäftsführende Gesellschafter Alexander S. Israel, verantwortlich für rund 170 Mitarbeiter, sieht Führung nicht nur als Aufgabe, sondern auch als Prozess. »Wir probieren immer wieder Neues aus und entwickeln uns somit ständig weiter. Wir beschäftigen uns mit Führungsstrategien und schauen, ob sich das eine oder andere bei uns umsetzen lässt. Wir arbeiten beispielsweise auch mit den bei Siemens, Nokia und Bosch eingesetzten systemischen Aufstellungen. Ganz wichtig: Ein Unternehmen muss offen sein – nicht nur für Veränderungen des Marktes, sondern auch für neue Methoden im Umgang mit Mitarbeitern. Und ein Unternehmen muss berechenbar sein – für Kunden und Mitarbeiter gleichermaßen. Das ist einer unserer traditionellen Werte. Jeder Mitarbeiter – und somit auch ich – hat Stärken und Schwächen. Unternehmen müssen empfänglich und dankbar für Kritik sein, denn Kritik enthält auch immer eine ganze Menge Verbesserungspotenzial. Wir freuen uns deshalb über ›konstruktive Unzufriedenheit‹. Der feste Glaube an eine höhere göttliche Macht und an das Gute sind dabei mein täglicher Antrieb.«

➤ **Die Audi Zentrum Osnabrück GmbH & Co. KG** beschäftigt etwa 80 Mitarbeiter. Geschäftsführer Berthold Konjer greift beim Recruiting auch gern auf Empfehlungen seines Netzwerks zurück. Auch er selbst gibt Kontakte von hochkarätigen Bewerbern an seine Netzwerkpartner weiter. Des Weiteren erhalten Mitarbeiter Prämien, wenn sie Bewerber empfehlen und diese nach sechs Monaten noch im Unternehmen beschäftigt sind. Ihr Stimmungsbild können Mitarbeiter künftig über eine App mitteilen. So kann die Mitarbeiterzufriedenheit kontinuierlich dokumentiert werden. Diversity wird im Audi Zentrum großgeschrieben, denn Chancengleichheit und Vielfalt sind gute Voraussetzungen für leistungsstarke Teams. Im Großen und Ganzen verwundert ihn die Mehrheit der Bewerber, die abgesehen vom Firmennamen nichts über das Unternehmen weiß, in dem sie sich um einen Arbeitsplatz bewerben. Und geradezu enttäuscht zeigt er sich über Bewerber, die auf die Frage nach ihren Zielen und Träumen nur ein Schulterzucken übrig haben.

»Verwunderlich, dass diese Bewerber woanders eine Anstellung finden. Andere scheinen diese Fragen gar nicht zu stellen.« Wo Lust auf Leistung über den Werdegang entscheidet, müssen auch Ziele definiert werden können. Für Berthold Konjer funktioniert Wertschätzung nur in Kombination mit Wertschöpfung: »Es ist wenig erfüllend, wenn man seinen Job macht. Es kann jedoch glücklich machen, wenn man seine Berufung gefunden hat.«

➤ Seit 195 Jahren wird bei der **H. KLÜMPER GmbH & Co. KG** im niedersächsischen Schüttorf Schinken geräuchert. Die gesamte Unternehmenskultur basiert auf den Traditionen, die nun in siebter Generation gelebt werden. Personalleiter Holger Koke sieht in dieser familiären Umgebung den Grund für die geringe Mitarbeiterfluktuation, die nach seiner Einschätzung auch in den nächsten Jahrzehnten erhalten bleibt. Die Einrichtung von Lebensarbeitszeitkonten macht deshalb für ihn viel Sinn: »In unserer Produktion ist harte körperliche Arbeit gefordert. Da darf und kann man niemanden zwingen, das bis zum 67. Lebensjahr durchzuziehen. Von diesen Konten profitiert nicht nur der Mitarbeiter, der ein paar Jahre früher bei laufendem Gehalt den Ruhestand genießen kann, sondern auch wir, denn die Mitarbeiter bleiben uns, also ihrem Unternehmen, langfristig treu.« In einer Familie hilft man sich, wenn man es kann, und auch in diesem Familienunternehmen wird Zusammenhalt durch gegenseitige Unterstützung erzeugt. So präsentiert das Unternehmen Lösungsvorschläge für private Probleme langjähriger Mitarbeiter. Das zeigt sich beispielsweise durch höchste Flexibilität bei der Arbeitszeitgestaltung, um Familie und Arbeit in Einklang zu bringen. Auch Häuslebauer profitieren: Bei der Baufinanzierung und der Suche nach Dienstleistern stellt das Unternehmen Kontakte und Know-how zur Verfügung, die für den Mitarbeiter am Ende bares Geld bedeuten.

Was denkt Daniel?

»Vor vier Monaten hat unsere Abteilung ihren besten Mann verloren. Seine Kompetenz war sein Kündigungsgrund, so verrückt das auch klingen mag. Keiner konnte wie er komplexe Zusammenhänge erkennen und auf dieser Basis in kürzester Zeit Probleme lösen, für die drei andere die doppelte Zeit benötigt hätten. Wenn jemand in technischer Hinsicht nicht weiterwusste, ging er zu Alexander. Irgendwann hatte sich seine Genialität rumgesprochen, und plötzlich kamen sie aus allen Abteilungen. Anfangs hat Alexander gern geholfen, denn schließlich war das für ihn Motivation pur. Aber irgendwann war er so sehr mit den Problemen anderer ausgelastet, dass er seine eigenen Aufgaben nicht mehr bewältigen konnte. Er hat dann abends immer Zeit drangehängt. Als es ihm zu viel wurde, hat er sich bei seinen Vorgesetzten mehrmals um zusätzliche Manpower bemüht; er wurde allerdings immer wieder vertröstet. Wie gesagt: Er hat es sich monatelang angeschaut, und vor vier Monaten ist ihm dann der Kragen geplatzt.

Alexander hat sich in den letzten Wochen mit Weitblick auf seine Selbstständigkeit vorbereitet. ›Ich helfe immer gern‹, hat er beim Abschied zu mir gesagt, ›aber wenn ich selbstständig bin, wird es wenigstens angemessen honoriert – und nicht bestraft.‹ Das Ende vom Lied: Er arbeitet jetzt als freier Mitarbeiter nicht nur für uns, sondern auch für unsere Wettbewerber. Und Ersatz haben wir bis heute nicht gefunden.

Da komme ich natürlich ins Grübeln: Überall wird Wertschätzung eingefordert, aber wenn es allein damit nicht getan ist, ist man nicht bereit, den nächsten Schritt zu gehen. Ich kann unseren Vorgesetzten nicht allein den Schwarzen Peter zuschieben, denn der Witz an der Geschichte war ja, dass die meisten Alexanders Hilfe in Anspruch genommen haben und sich auch bedankt haben, das Ganze nach oben hin aber als eigene Glanztat kommuniziert haben. Alexander hat sich darum nicht gekümmert: Er war nur darauf aus, für das Unternehmen ein Problem zu lösen. Eine Form von Loyalität und Pflichtbewusstsein, die bei den anderen nicht so ausgeprägt war. Das alles lief ja über eine lange Zeit, aber niemand sah sich in der Pflicht, dieses System zu ändern.

Wer Flexibilität von seinen Mitarbeitern fordert, sollte sie ihm im Gegenzug auch gewähren. Effizientes Arbeiten ist in der Tat nur möglich, wenn man die Kopfarbeit dann erledigt, wenn man seinen Tageshöhepunkt hat. Wenn ich bedenke, wie oft ich mir einen Kaffee hole, weil die schwierigste Tagesaufgabe auf meinem Schreibtisch liegt und ich eigentlich mental erschöpft bin, dann traue ich mich kaum, das im Kopf mit unserer konzernweiten Beschäftigtenzahl zu multiplizieren. Da steckt doch eine ganze Menge Optimierungspotenzial drin. Wenn ich in nächster Zeit eine Studie lesen möchte, dann über dieses Thema.«

4. Lasst uns froh und bunter sein – Diversity, Digitalisierung und andere Chancen

Was ist Diversity? Diese Frage habe ich in meinen Vorträgen schon oft gestellt, und die meisten antworten spontan wie folgt: »Die Vielfalt in Gesellschaft und Unternehmen aufgrund der Unterschiede, die unter anderem durch Geschlecht, Religion und Herkunft definiert werden.« Und doch verbirgt sich hinter diesem Begriff eine ganze Menge mehr. Auf Unternehmensebene wird gern betont, dass man über Vorteile statt über Vorurteile nachdenken soll, wenn es um das Miteinander geht. Politiker raten uns in Fernsehdiskussionen zum Thema Zuwanderung immer wieder, Menschen nicht anhand einer Farbkarte zu bewerten. Doch seien wir ehrlich: Wir haben kein pauschales Problem mit Unterschieden – bei Diversity geht es einzig und allein um die feinen Unterschiede, die aus unserer ganz persönlichen Sicht Probleme bereiten könnten.

Ich möchte Ihnen das an einem Beispiel anschaulich machen. Zwei Bewerber mit gleicher Qualifikation haben den Einstellungstest mit dem gleichen Ergebnis abgeschlossen. Für wen entscheiden Sie sich: für den Linkshänder oder den Rechtshänder? Ja richtig, auch das ist Diversity. Warten Sie einen Moment, ich gebe Ihnen noch eine Entscheidungshilfe. Der Linkshänder ist schwarz, weiblich, Muslimin und attraktiv, der Rechtshänder ist männlich und katholisch – und wiegt zudem 250 Kilogramm, seinen Rollstuhl nicht mitgerechnet. Sie sehen: Es sind nicht die einzelnen, wenn auch gravierenden Unterschiede, die unser Urteil beeinflussen, sondern das Gesamtbild, das vermittelt wird. Ein schweinefleischfreies Essen lässt sich in der

Kantine bestimmt organisieren, und irgendwo findet man sicherlich auch noch ein Plätzchen für einen Gebetsteppich.

Der Begriff »Diversity« existiert nur aus einem Grund: Weil es im Lexikon auch das Wort »Vorurteil« gibt. Diversity Management will uns sagen, wie wir mit Unterschieden und Vorurteilen umzugehen haben, damit unsere Gesellschaft oder unser Unternehmen einen Gewinn erzielt. Doch mit dem Vorurteil gegen Vorurteile möchten wir aufräumen, denn es gibt auch gute und solche mit einem höheren Sinn. Unsere Vorurteile und Stereotype sind überlieferte Meinungen unserer Mentoren. Wir saugen sie in einem Alter auf, in dem wir noch nicht in der Lage sind, eine eigene Meinung zu bilden. »Balletttänzer sind schwul« gehört genauso dazu wie »Pass auf dein Auto auf, wenn du durch Polen fährst«. Aber es gibt auch positive Vorurteile und Stereotype. Wenn im Zoo ein Löwe ausbricht, laufen wir, denn unser Instinkt glaubt nicht an das Gute in ihm. Dieses Vorurteil rettet unser Leben. Und wer auswandert und sich um einen Job bewirbt, hat es noch besser, denn er genießt den Vorteil des Vorurteils »Deutsche sind pünktlich und fleißig«.

Glauben Sie mir: Der Blickwinkel entscheidet. Ihnen ist es völlig egal, ob Ihr kompetenter Vorgesetzter Chinese, Japaner oder Koreaner ist. Die meisten unter uns erkennen den Unterschied nur schwer. Für Ihren Kollegen in Tokio sieht das schon ganz anders aus. Er hätte mit dieser personellen Konstellation möglicherweise ein Problem, denn für ihn sind die kulturellen Unterschiede und die aus der gemeinsamen Geschichte entstandenen Vorurteile enorm.

Das Fremde macht uns Angst. Und wenn wir am längeren Hebel sitzen, versuchen wir, das Fremde zu verändern. Wir versuchen, es unserem Verständnis anzupassen, gerade in Bezug auf Religion und kulturellen Hintergrund. Doch wie sagte bereits im 8. Jahrhundert Alkuin, der Berater Karls des Großen: »Zur Taufe kann ein Mensch getrieben werden, nicht aber zu seinem Glauben.« Bleibt also nur, die Unterschiede zu akzeptieren – und zu lernen, mit ihnen zu leben. Vielleicht finden wir ja sogar heraus, dass einige von ihnen uns ganz gut gefallen. Nicht alles Neue ist pauschal schlecht. Das Auto hat das Pferd verdrängt, die CD die Schallplatte. Man muss dem Unbekanntem Chancen geben, wenn man es verstehen will. Erst dann kann man auch die Vorteile erkennen, die sich für einen selbst aus dieser Beziehung ergeben können.

Wie notwendig das ist, zeigt uns Jane Elliott auf unkonventionelle Weise. Am Tag nach dem Mord an Martin Luther King, also am 5. April 1968, startete die Lehrerin aus Iowa ein soziales Experiment, bei dem sie der Gesellschaft den Spiegel vorhielt. Sie teilte die achtjährigen Schüler ihrer Klasse in Blauäugige und Braunäugige auf. Die erste Gruppe wurde heftig diskriminiert, während die zweite Gruppe sämtliche Rechte und Privilegien erhielt. Ein anschließender Auftritt in der Johnny-Carson-Show löste eine nationale Welle der Empörung aus, und als sie am nächsten Tag das Lehrerzimmer betrat, verließen nahezu alle Kollegen demonstrativ den Raum. Sie entschloss sich, das Experiment zu ihrem Beruf zu machen, und führte es als Diversity-Trainerin mit Belegschaften unzähliger Firmen durch, wobei sie Tausende an emotionale Grenzen führte. Im Laufe der Jahre erhielt sie 350 Einladungen von Colleges und Universitäten und war fünfmal Gast bei Oprah Winfrey. Sie reiste um die Welt und stellte fest, dass Rassismus überall in nahezu gleichem Ausmaß vorhanden ist. Ihre Erkenntnis: Rassismus kann nur funktionieren, weil er auf Stabilisatoren wie Ignoranz und Duldung zählen kann und weil die angebliche weiße Überlegenheit bereits mit der Muttermilch und in der Schule in die Köpfe der Kinder transportiert wird. Weiße Rassisten ignorieren die Tatsache, dass Schrift, Zahlen, Papier und alle großen Religionen von »Farbigen« entwickelt wurden und erst mit den Eroberern der Glaube an die weiße Überlegenheit entstanden ist. Erst der fälschliche Glaube an die Minderwertigkeit der anderen kann den Glauben an die Rechtmäßigkeit von Sklaverei ermöglichen.

In allen Teilen der Welt hat in erster Linie Zuwanderung dazu beigetragen, über solche Fragen intensiver nachzudenken. Heute sind
zumindest vor dem Gesetz alle gleich. Wir schütteln heute mit dem
Kopf, wenn wir erfahren, dass Farbige in den USA in Bussen nur
die hinteren Plätze belegen durften, dass Ehefrauen in Deutschland
noch in den Siebzigerjahren einen Job nur mit Erlaubnis des Ehe-
mannes annehmen durften und dass bei uns Vergewaltigungen in
der Ehe erst seit 1997 »richtige« Vergewaltigungen sind. Vorher
zählten sie lediglich zur Kategorie »Nötigung« und galten in Män-
nerköpfen nicht als Verbrechen, sondern als Privatsache.

Mia san mia

Diversity Management hat in Unternehmen die Aufgabe, Unterschiede zusammenzuschweißen, damit sie den Erfolg gewährleisten. Fuß-
balltrainer zum Beispiel müssen viele Individualisten unter einen Hut
bringen. Beim FC Bayern München stehen zurzeit elf unterschiedliche Nationen auf dem Rasen, und auch der FC Bayern ist ein Unternehmen mit typischen Mitarbeiterstrukturen. Jeder Einzelne ist
gleichermaßen an seinen persönlichen Zielen und denen des Unternehmens interessiert. 26 Spieler werden dabei von rund 500 Mitarbeitern unterstützt, doch die 26 entscheiden über Erfolg und Misserfolg, denn schließlich sind sie es, die auf dem Rasen überzeugen und
Leistung liefern müssen. Diese Mitarbeiter werden einzig und allein
nach ihren Fähigkeiten rekrutiert und bezahlt – ohne Rücksicht auf
Hautfarbe, Herkunft, Religion oder sexuelle Orientierung. Wer inter-
national mithalten will, muss bei der Rekrutierung den Blick über den
nationalen Tellerrand leisten. Wie selbstverständlich erkennen wir,
dass andere Hautfarbe besondere Fähigkeiten besitzen und dadurch
Leistungen erbringen, die unseren überlegen sind. Wir sind nicht nei-
disch, sondern dankbar – und belohnen mit Geld und Privilegien in
der Hoffnung, dass wir sie damit möglichst lange halten können. Kulturelle Hintergründe und Unterschiede erzeugen Perspektiven, die

Gruppen nach vorn bringen. Neue positive Vorurteile entstehen. Argentinier, Brasilianer und Schwarzafrikaner gelten als Ballzauberer, und wir heißen sie auf dem roten Teppich herzlich willkommen. Ein afrikanisches Sprichwort sagt: »Die Europäer haben die Uhr. Wir haben die Zeit.« Es soll zeigen, wie Afrikaner mit der Hektik des Alltags umgehen. Ich möchte es aber anders deuten: Unterschiede ergänzen sich in dem Moment, in dem sie sich begegnen.

Technologie und Vielfalt

Wenn Grenzen fallen, kann Technologie sich schneller verbreiten. Auch die Umkehrung des Satzes enthält viel Wahrheit. Wenn Technologie sich verbreitet, fallen Grenzen schneller. Wer auch immer zuerst am Drücker war: Wir leben in einer Zeit, in der Menschen immer näher zusammenrücken, ihre Unterschiede zelebrieren und sich mithilfe des technologischen Fortschritts vernetzen. Früher wurde viel Leistung investiert, um gegeneinanderzuarbeiten und die Trennung aufrechtzuerhalten. Heute können Menschen unterschiedlicher Herkunft und Lebenseinstellung gemeinsam an den ganz großen Zielen arbeiten, denn sie haben erkannt, dass die großen Ziele sie alle weiter nach vorn bringen. Alle können dabei zu jeder Zeit von jedem Ort der Welt auf dasselbe Wissen zugreifen, denn das Internet ist omnipräsent. Es ist längst zu unserer dritten Hand geworden.

Doch die Welt ist noch längst nicht eins, auch wenn das Wort »Welt« allumfassend klingt. Und das liegt nicht an der Technologie, sondern an uns. Die einzigen Hürden, die noch existieren, fußen auf der mangelnden Kommunikationsbereitschaft der Menschen und der Unfähigkeit, alte Zöpfe abzuschneiden. Die Vielfalt der Sprachen mag zwar für Kulturinteressierte ein Segen sein – für das soziale Miteinander ist sie allerdings ein Fluch. Jede Menge Energie ist bereits verpufft auf der Suche nach der Sprache für alle. Während die einen Malaiisch favorisieren, schwören die anderen auf eine Kunstsprache wie

Esperanto. Zwar spricht heute jeder fünfte Mensch Mandarin, und Hindi und Arabisch können ebenfalls auf eine große Anhängerschaft zählen – am Ende wird sich aber vermutlich das Englische als einzige Sprache durchsetzen, denn es ist heute die wichtigste Weltverkehrssprache und Weltwirtschaftssprache und – noch viel wichtiger – die Sprache der Technologie. Versuchen Sie mal, eine Software, eine Smartphone-App oder auch nur einen Codeschnipsel mit Kanji oder Devanagari-Zeichen zu programmieren und zu implementieren. Die Welt wird immer technologischer und in der Folge immer englischer. Die Bereitschaft der Mehrheit, Zeit und Energie für das Lernen einer fremden Sprache bereitzustellen, ist eher schwach ausgeprägt. Deshalb wird es noch viele Generationen dauern, bis der Idealzustand erreicht ist. Wir wissen, dass Kinder Fremdsprachen geradezu aufsaugen. Es liegt also an den Eltern, den Zusammenhang zwischen Zukunft, Technologie, Chancen und Englisch zu erkennen und diese Erkenntnis weiterzugeben. Die mahnenden Zeigefinger derjenigen, die behaupten, dass wir uns durch Sprachverlust und kulturelle Anpassung Stück für Stück unserer Identität berauben, werden irgendwann verschwinden, denn ein Satz existiert in jeder Sprache: Zukunft lässt sich nicht aufhalten, nur hinauszögern.

Intel Inside oder: Einblicke in Diversity

Google, Apple, Microsoft, Facebook: Sie alle verdienen Milliarden durch den Verkauf von Produkten und Dienstleistungen an Kunden in der ganzen Welt. Kriterien wie Herkunft, Hautfarbe, Religion und Geschlecht spielen dabei keine Rolle. Ein Kunde darf alles sein. Wenn es um die eigenen Arbeitsplätze geht, ist man schon wählerischer, und deshalb gibt es in diesen Unternehmen kein Quotensystem und keine Veranlassung, diesbezüglich alle Zahlen publik zu machen. Anders bei Intel: Dort hat man sich 2015 bei Neueinstellungen eine Minderheitenquote von 40 Prozent zum Ziel gesetzt und diese Zahl mit 43,1 Prozent sogar übertroffen. Intels CEO Bri-

an Krzanich überzeugt mit seiner Argumentation. Er hat zwei technologieaffine Töchter und möchte, dass sie später in einer Unternehmenskultur Fuß fassen, die von Vielfalt und Chancengleichheit
geprägt ist. Facebook hat in technischen Positionen einen Frauenanteil von 16 Prozent. Lediglich ein Prozent dieser Arbeitsplätze ist mit
Schwarzen besetzt. Bei Google sieht es mit 18 Prozent respektive ein
Prozent kaum besser aus. Auf der anderen Seite kämpft Intel mit einer hohen Quote an Schwarzen, die das Unternehmen aus Beweg-
gründen verlassen, die dem Diversity-Prinzip von Intel eigentlich
widersprechen: Sie fühlen sich ausgegrenzt und zu wenig gefördert.

Wir sehen: Diversity ist zwar in aller Munde, aber es findet noch nicht
in dem Maße statt, wie uns die Medienpräsenz dieses Themas suggeriert. Jeder weiß: Je mehr Vielfalt in einem Unternehmen, desto
größer die Zahl der Märkte, die verstanden werden. Auf der anderen
Seite steht die Angst: Wenn wir Quoten einführen, statt uns für die
augenscheinlich Besten zu entscheiden, schwächen wir unsere Position. Kurzfristige Anforderungen und langfristige Ziele müssen also unter einen Hut gebracht werden. Wenn Arbeitsplätze die Märkte
spiegeln, die sie bedienen, ist das als Ziel eine gute Ausgangsposition.

Bei der gesamten Diskussion um dieses Thema wird Diversity oft mit
Inklusion verwechselt. Inklusion ist von beiden Seiten erwünscht,
Diversity jedoch scheitert noch immer an Profitdenken und Share-
holder-Values. Inklusion geschieht auf gesellschaftlicher und sozialer
Ebene, Diversity ist einzig und allein ein Businessfaktor. Auch das ist
menschlich: Wir lieben Vielfalt und Annäherung, doch wenn es um
unseren eigenen Arbeitsplatz geht, lieben wir eher die Distanz.

Corporate Social Responsibility oder: Wir leisten mehr

Papier ist bekanntlich geduldig. Wenn Unternehmen unter der Rubrik »Corporate Social Responsibility« ihre Werte und Ziele prä-

sentieren, wird der Erfolgsfaktor Diversity in einem eigenen Kapitel bejubelt und wir lesen es an jeder Tür schwarz auf weiß: Die Wertsteigerung, die wir durch die »Hilfe von außen« erfahren, kann gar nicht hoch genug eingeschätzt werden. Doch noch zeichnet die Realität ein völlig anderes Bild. Bevorzugt werden diejenigen, die uns ähnlich sind. Ein bisschen anders dürfen sie sein, keine Frage, aber bitte dezent.

Wie sieht es heute in Deutschland aus? Eingebettet in ein multikulturelles Europa, das aus seiner kolonialen Vergangenheit erwachsen ist, gehorchen wir dem mahnenden Zeigefinger der Geschichte. Unvoreingenommen sollen wir sein, insbesondere bei Menschen, die eine andere Hautfarbe, Religion oder Kultur repräsentieren. Und wir heißen sie willkommen: Es begann vor über 50 Jahren mit den türkischen Zuwanderern und ist mit der Flüchtlingskrise, in der wir unsere Tore für alle öffnen, die das erleiden müssen, was wir anderen einst selbst zugefügt haben, noch längst nicht beendet. Empathische Willkommenskultur und Fremdenangst leben mehr oder weniger friedlich nebeneinander. Wobei Fremdenangst nicht die Angst vor den Fremden direkt ist, sondern eher die Befürchtung, durch die große Zahl der Zuwanderer auf der sozialen Leiter eine Sprosse nach unten befördert zu werden. Niemand hat Angst vor den Fremden, denn schließlich vertrauen wir in allen Fragen auf Wikipedia, dem gebündelten Wissen von Fremden. Wir haben lediglich Angst vor dem Unbekannten: Wie wird sich unsere Gesellschaft unter den neuen Aspekten verändern? Wie wird sich mein persönliches Leben verändern? Muss ich Opfer bringen, obwohl ich es gar nicht möchte? Auch eine Gesellschaft hat eine Corporate Social Responsibility. Ich bin fest davon überzeugt: Erst wenn wir uns dieser Verantwortung bewusst sind, sind Fachkräfte, die unsere Vielfalt ausmachen, auch bereit, zu uns zu kommen. Wir müssen lernen, die Selbstschussanlagen aus unseren Köpfen zu verbannen. Wir müssen lernen, die unternehmerischen, aber auch die persönlichen Gewinne zu erkennen, die aus solchen Beziehungen erwachsen können. Wir müssen bereit sein, anderen Chancen zu geben. Und wir müssen vor allem bereit sein, uns auch selbst diese Chancen zu geben. Der kulturelle Wandel, der seine Wurzeln im technologischen Fortschritt hat, nimmt ohne Zweifel immer mehr Fahrt auf. In uns wächst die Angst, ein Tempo zu erreichen, dem wir nicht mehr gewachsen sind, bei dem ein Absprung nicht mehr möglich ist. Wohin geht die Reise? Ungewissheit ist nun einmal nicht jedermanns Sache. Hier schlägt – in Wirtschaft und Gesellschaft – die Stunde der Führungskräfte, die mit überzeugenden Argumenten das Ruder übernehmen müssen.

Die Zeiten ändern sich. Früher musste man dem Wettbewerb einen Schritt voraus sein. Heute muss man den Bedürfnissen der Kunden voraus sein. Genau an diesem Punkt setzt Diversity an. Man ist anders, man denkt anders – und wird bereits dadurch zum Gewinn. Wenn möglichst viele unterschiedliche, subjektive Weltanschauungen miteinander kollidieren, kann durch sanfte Explosion Neues entstehen. Es können in den Köpfen der Mitarbeiter Ideen gedeihen, die niemals im Gewächshaus der Gleichheit hätten kultiviert werden können. Unterschiedliche Menschen bündeln unterschiedliche Blickwinkel – das kollektive Auge kann weiter schauen und größere Erfolge generieren. Am Ende profitieren alle von dieser Reise durch neue Denkkanäle – niemand wird zurückgelassen. Und am Ende erkennen wir: Vielfalt ist die Summe aus unzähligen Unterschieden, die uns helfen, Zusammenhänge besser zu verstehen – am Ende auch uns gegenseitig.

Outsourcing – eine Form von Diversity

Wer glaubt, dass Diversity neue Chancen verspricht, kommt an Outsourcing nicht vorbei. Für mich persönlich definiert sich Outsourcing längst nicht mehr nur als Auslagerung von bisher innerbetrieblich geleisteten Arbeiten. Ist die bisher bekannte Form des

Outsourcings – beispielsweise die Auslagerung von Produktions-
prozessen in Billiglohnländer – wieder auf dem Rückzug, gibt es
seit ein paar Jahren eine kleine, aber wachsende Form des Outsourcings, die Unternehmen in Zukunft neu definiert: die iPros, die Independent Professionals. Im Gegensatz zu den bisher verpflichteten
Freelancern sind sie deutlich teurer, aber eben auch professionel-
ler, denn neben den üblicherweise erforderlichen Fähigkeiten ver-
fügen sie über ganz spezielles zusätzliches Know-how, an das Unternehmen ansonsten nur durch die Verpflichtung mehrerer Experten
gelangen könnte. Ein kleines Expertenteam schraubt allerdings den
Preis nicht nur weiter in die Höhe – es mangelt einer Gruppe von
Einzelexperten auch an den Fähigkeiten, Zusammenhänge zu erkennen. Wenn Sie drei Manager nach Korea schicken, um dort für Ihren
Global Player eine Vertriebsstruktur aufzubauen, müssen Sie ihnen
für die gesamte Dauer einen oder gar mehrere kompetente Dolmet-
scher zur Seite stellen, die sich hoffentlich mit den fachspezifischen
Termini auskennen. Vertriebsexperten, die in Korea bereits für andere internationale Unternehmen tätig waren und fließend Korea-
nisch sprechen, sind rar gesät. Aber es gibt sie. Wer zehn Jahre in
einem großen Unternehmen Know-how gesammelt hat, mit einer
Koreanerin verheiratet ist und seine Kinder zwei- oder gar dreispra-
chig erzieht, weiß irgendwann, dass er Fähigkeiten besitzt, die in dieser Kombination nicht breit gestreut sind. Er macht seine Kompetenzen zum Beruf und schließt befristete Werkverträge mit seinen
Auftraggebern ab.

Was im IT-Bereich schon eine Weile funktioniert und rege praktiziert wird, findet künftig auch auf unzähligen anderen Feldern statt.
Die Vorteile für beide Seiten liegen auf der Hand. Der iPro verdient
nicht weniger als an seinem bisherigen Schreibtisch, kann zudem
die gesteigerte Flexibilität ins Familienleben einbringen und wird
durch immer wieder neue und spannende Aufgaben mehr motiviert, als er es in einer Festanstellung jemals erfahren könnte. Das
Unternehmen muss Know-how nicht erst langfristig erarbeiten,

sondern hat direkten Zugriff auf benötigte Fähigkeiten – und genießt gleichzeitig wertvolle Beratungskompetenz aus dem Erfahrungsschatz des iPros.

Hier möchte ich eine Frage aufwerfen, die Zusammenhänge deutlich werden lässt: Warum entschließen sich die High Potentials in den führenden Unternehmen, die Sicherheit des bestehenden Arbeitsvertrags zu verlassen? In erster Linie ist es der Mangel an Freiheit, und damit meine ich in erster Linie die Freiheit, Entscheidungen zu treffen und Abläufe so zu koordinieren, wie man es selbst für richtig hält. Auch wenn heute die Korsetts nicht mehr so eng geschnürt sind wie noch vor ein paar Jahren, fühlen sich doch einige zu sehr in ihrer Entscheidungsfreiheit und Kreativität beschnitten. Als iPro hat man seine eigenen Kunden, und hier kann man endlich alles das richtig machen, was das Unternehmen aus eigener Sicht falsch – und unbeweglich – gemacht hat.

Ein Argument, das Beobachter wie Wissenschaftler und Statistiker gern ins Feld führen, möchte ich an dieser Stelle entschärfen. Sie behaupten immer wieder, dass iPros keine Arbeitsplätze schaffen, da sie keine Arbeitnehmer beschäftigen. Diese Statistik übersieht allerdings, dass durch jeden High Potential, der ein Unternehmen verlässt, ein freier Platz für einen anderen dort entsteht, der auch möglichst schnell wieder besetzt werden muss. Und wenn man berücksichtigt, dass in den letzten zehn Jahren EU-weit einige Millionen iPros die Selbstständigkeit gewählt haben, haben sie gleichzeitig mehr indirekte neue Arbeitsplätze geschaffen als die 50 größten europäischen Unternehmen zusammen.

iPros, wie diese hoch qualifizierten Kräfte auch genannt werden, haben viele Gründe, nicht in die Abhängigkeit eines Unternehmens zurückzukehren. Der ausschlaggebende Punkt ist die abwechslungsreiche Arbeit, die kein Unternehmen der Welt in dieser Form bieten kann. Die volle Kontrolle über das Zeitmanagement erlaubt ihnen zu bestimmen, wann sie an welchem Ort arbeiten möchten, und sie geben dabei das Arbeitstempo selbst vor, das sich am persönlichen Biorhythmus orientiert – nicht an den Zeitfenstern, die die Stechuhr vorgibt. Monotonie und Langeweile haben sie aus ihren Wortschätzen verbannt, und keiner von ihnen fühlt sich mehr unterfordert oder unterbewertet. Jeder iPro bedient zwar eine Nische, kann sich dabei aber mit voller Leistung den Aufgaben widmen, die ihm wirklich Freude bereiten. Interessanterweise decken sich damit die Gründe für die Selbstständigkeit in nahezu allen Punkten mit den Empfehlungen, die wir in diesem Buch für das unternehmensinterne Arbeiten in der Zukunft aussprechen.

Betrachten wir die Argumente »pro iPro«, fällt die Stärke ins Auge, Rezessionen zu überstehen: Während gute Fachkräfte in den Jahren 2008 und 2009 mitsamt ihren Unternehmen die Talfahrt antreten mussten, konnten sich die iPros aufgrund ihrer Kompetenzen behaupten und sogar Wachstumszahlen vermelden. Der Sektor an sich wächst immer weiter – und auch deutlich stärker als der Arbeitsmarkt selbst.

Der feine Unterschied

Anderssein kann sehr viele unterschiedliche Formen annehmen, und mit den meisten von ihnen können wir uns nach einiger Zeit – und dann auch auf Dauer – anfreunden. Andersdenken hingegen lässt tiefere Gräben entstehen. Sie zu überwinden erfordert ungleich mehr Energie und etwas noch viel Gehaltvolleres: Bereitschaft. Unvorstellbar, aber wahr: Auch Bereitschaft reicht noch nicht aus, Andersdenken zu akzeptieren oder gar zu forcieren. Unternehmen können tausendmal beschwören, dass offene Kommunikation erwünscht ist und Maulkörbe Relikte der Vergangenheit sind: Niemand wir sich trauen, seine Meinung offen kundzutun, und die Gründe dafür sind so vielfältig wie Diversity selbst: Angst vor Entlassung, Angst vor Druck von oben, Angst vor der Reaktion der Kollegen, Angst davor, Tag für Tag mit der Angst umgehen zu müssen. Dazu kommt die Überzeugung, mit einer geäußerten Meinung am Ende doch keine Veränderung herbeiführen zu können. Viele Ideen werden nicht preisgegeben, weil ihre Vermittlung Zeit und Arbeit kostet. Dieser Aufwand wiederum wird nicht erbracht, weil man sein Unternehmen nach ein paar Jahren kennt und fest davon überzeugt ist: »Das wird ja doch nicht umgesetzt.«

Stellen Sie sich eine Welt vor, in der jeder jederzeit seine Meinungen, seine Ideen und Kritiken ohne Bedenken und Konsequenzen vortragen kann. Wie viele Prozesse könnten beschleunigt werden? Wie viele Missverständnisse könnten aufgeklärt werden? Wie viele Kompromisse müssten gar nicht erst gefunden werden? Wie viele Ideen könnten das stille Kämmerlein und die Köpfe endlich verlassen und tatsächlich umgesetzt werden? Wie viele neue Produkte und Dienstleistungen könnten am Ende des Tages daraus generiert werden? Wie viele Arbeitsplätze könnte das sichern und wie viele neue Arbeitsplätze könnte das sogar erschaffen? Aus dem Roman *Paradies* der amerikanischen Literaturnobelpreis- und Pulitzer-Preisträgerin Toni Morrison stammt der vielsagende Satz »There are more scary things inside than outside«. Ich denke, diese Weisheit gilt auch für das Unterbewusstsein und den Organismus eines Unternehmens.

Offene Kommunikation setzt zwei Regeln respektive Erkenntnisse voraus. Erstens dürfen Informationen vonseiten der Unternehmensführung nicht gefiltert werden und zweitens ist anonymes Feedback vonseiten der Mitarbeiter besser als gar keins. Hier wird allerdings ein Dilemma deutlich. Wer anonymes Feedback zulässt, gibt gleichzeitig zu verstehen, dass offenes Feedback unter Strafe gestellt wird. Und diejenigen, die dieses Feedback empfangen, müssen die Gabe besitzen, den Wert dieser Meinungen zu bewerten, um Relevantes von Unsinnigem trennen zu können.

Chancen durch Sprache

Unternehmen, Bewerber, langjährige Mitarbeiter: Sie alle kommunizieren – bewusst oder unbewusst – ständig miteinander. Meinungen werden ausgetauscht und Bilder vermittelt, und wer sein eigenes Bild auch noch selbst gestalten darf, wird bemüht sein, ein möglichst positives zu entwerfen.

Beginnen wir mit dem Bewerber: Wo sucht er nach Bildern, aus denen er sein Mosaik über seinen künftigen Arbeitgeber zusammensetzt? Zuallererst natürlich auf der Homepage des Favoriten: Was leistet das Unternehmen? Welche Werte vermittelt es? Eine Frage steht im Zentrum der Forschung: Wie hebt sich das Unternehmen vom Wettbewerb ab? Ausnahmen bestätigen die Regeln, aber wir möchten die Masse anprangern – Einheitsbrei, soweit das Auge reicht. Der Bewerber weiß das, denn er vergleicht intensiv, weil die Wahl des Arbeitgebers für den weiteren Karriere- und Lebensweg lebenswichtig ist. Man möchte nichts dem Zufall überlassen und gibt allen Branchengrößen eine Chance. Bewerber sind nicht dumm, und deshalb wissen sie, dass viele Worte nur selbst aufgelegtes Make-up sind, um das Unternehmen ins rechte Licht zu rücken, das den Bewerber auf Dauer blenden soll. Der Clou: Wer bereits 20 Jahre in einem Unternehmen gearbeitet hat und versehentlich auf der eigenen Karriereseite landet, wird sein Unternehmen nicht wiedererkennen. Niemand kommt auf die Idee, Employer Branding auch für diejenigen glaubwürdig zu machen, die den Arbeitsvertrag bereits unterschrieben haben.

Sprache ist nicht nur hier das zentrale Kommunikationsmittel, und so zu schreiben, wie man spricht, spricht für Authentizität. Die wird von den meisten allerdings sträflich vernachlässigt. Wie selbstverständlich duzt die Karriereseite sowohl Schüler als auch Studenten (»Starte jetzt!«). Doch was passiert, wenn der Bewerber das Angebot annimmt und den Personalchef im Bewerbungsgespräch ebenfalls duzt?

Surfen wir weiter, denn schon zieht es den Bewerber in die großen Arbeitgeberbewertungsportale. Kununu und glassdoor heißen die bevorzugten Ziele, von denen sich der Bewerber die nächsten Informationen erhofft. Doch wird er möglicherweise enttäuscht, denn hier erwarten ihn überwiegend Meinungen aus zwei Lagern. Auf der einen Seite sind es enttäuschte Mitarbeiter, die ihrer Wut Luft machen möchten. In einem großen Unternehmen liegt es in der Natur der Sache, dass man es nicht jedem recht machen kann. Irgendeiner hat immer was zu meckern, und das kann er heute dank Avatarmaske und Social Media auf unzähligen Kanälen und Portalen. Auf der anderen Seite finden sich fiktive Meinungen, die von Unternehmen bezahlte Agenturen einstellen, um das rosarote Bild, das auf der eigenen Website gezeichnet wurde, fortzusetzen.

Die Gedanken sind frei, und so kann jeder diese zu seinem Vorteil nutzen. Das wird immer das Dilemma von gut gemeinten Bewertungsportalen bleiben. Ein Hotelier kann sein eigenes Hotel bei HolidayCheck nach vorn pushen; Bücher werden von den Autoren und ihren Freunden und Verwandten auf Amazon mit fünf Sternen versehen; Hand hoch, wem schon einmal ein Date mit der Traumfrau aus der ElitePartner-Werbung vermittelt wurde. Doch auch der Surfer selbst wird allzu oft Opfer seiner eigenen Psychologie. Wer einen bestimmten Fernseher für sich auserkoren hat, wird bei Amazon den Meinungen mehr Glauben schenken, die seine eigene Wahl unterstützen.

Employer Branding ist der Ort, an dem sich die Unternehmen eine einheitliche Uniform verpassen. Das ist traurigerweise genau der Ort, an dem sie sich eigentlich voneinander abheben sollten. Dieser Ort ist die Heimat der Adjektive, und alle verwenden dieselben. Oder kennen Sie ein Unternehmen, das nicht »innovativ« und »führend« in seiner Branche ist und dort »nachhaltig« produziert? Das nicht über »hoch motivierte« Mitarbeiter verfügt, die »kundenorientiert« und natürlich »kreativ« arbeiten? Der König dieses Ortes heißt übrigens Erfolg, die Königin Leidenschaft. Damit glänzen alle Unternehmen und jeder einzelne ihrer Mitarbeiter. Wo sind sie nur, die unzähligen Mitarbeiter, die Dienst nach Vorschrift machen, weil sie solche Phrasen nicht mehr lesen und hören können? Die ihr eigenes Unternehmen in solchen Beschreibungen überhaupt nicht erkennen? Probleme mit Mitarbeitern haben immer nur die anderen, so die Botschaft zwischen den Zeilen. Bei uns herrschen Harmonie und Sonnenschein. Ein DAX-Unternehmen möchte sich sogar mit einer ganz besonderen Behauptung abheben: »Unsere vielfältigen Karrieremöglichkeiten sind ein Wettbewerbsvorteil.«

Bewerber suchen nach Alleinstellungsmerkmalen, nach den Dingen, die differenzieren, um sich mit ihnen anschließend identifizieren zu können. Jedes Unternehmen verfügt über Kronjuwelen, doch die werden leider nicht gern ausgestellt. Könnte ja sein, dass irgendjemand etwas entdecken könnte, das sich zu kopieren lohnt. »Go with the Flow« lautet stattdessen das Spiel, und wer die Standardfloskeln am kreativsten umformuliert, hat gewonnen. Bei der Betrachtung dieser Verwirrungen stellt sich am Ende die Frage: Was passiert eigentlich mit einem Unternehmen, dessen Personalchef sich nicht mit dem hauseigenen Employer Branding identifizieren kann?

Erfolgsfaktor Frau

In den letzten 25 Jahren hat eine Revolution stattgefunden, doch nur die wenigsten haben den schleichenden Prozess tatsächlich so wahrgenommen. Frauen haben die Unternehmen erobert – und das nicht nur als Mitarbeiter. Immer mehr Führungspositionen sind in weiblicher Hand, und weil uns dieser Parallelprozess nicht schnell genug ging, haben wir in Deutschland 2015 die Frauenquote eingeführt: 30 Prozent aller Posten in Aufsichtsräten sollen seitdem mit Frauen besetzt werden. Manche meinen, dass solche Quoten nicht nur in Kontrollgremien, sondern unternehmensübergreifend zu einem Problem führen würden. Eine Position müsse ab dato an eine Frau vergeben werden, obwohl sich mehrere Männer auf diesen Posten beworben hätten, die auf dem Papier deutlich qualifizierter seien. Diese Meinung steht allerdings auf wackligen Füßen. Wären vorher bei anderen Positionen die qualifizierteren Frauen berücksichtigt worden, wäre die Notwendigkeit einer Quotenregelung gar nicht erst diskutiert worden. Männer halten in solchen Fragen nun einmal nicht viel von Selbstverpflichtung. Nun sagen die einen wieder: »Strafe muss sein.« Ich bin allerdings der Ansicht, dass diese Quote nicht Strafe, sondern Chance ist. In Sachen Schulabschluss und Lernbereitschaft haben die Frauen den Männern schon längst den Rang abgelaufen und wir wissen, dass »weibliche Skills« durchaus bereichernden Einfluss auf die Unternehmensentwicklung haben. Frauen stellen mehr Fragen – und geben sich nicht so schnell mit Antworten zufrieden.

Viele Experten sehen in den Frauen eine stille Reserve – ich sehe in ihnen eine Geheimwaffe. Und während sich die Frauen selbst mit Gleichberechtigung zufriedengeben, sehe ich Vorsprünge. Wurden Frauen in der Belegschaft vieler Unternehmen anfangs eher belächelt, erkennen auch die Raubeinigen schnell, wie sehr das Miteinander und die Kompetenzen durch sie erweitert werden. Ein Musterbeispiel ist die Geschichte von Manuela Wedel, die in ihrem Buch *Wo brennt's denn?* ihren Werdegang als eine der ersten Feuerwehrfrauen in München beschreibt. Authentisch und spannend, denn gerade in der Welt der wilden Kerle war nicht aller Anfang leicht. Doch nicht nur Feuer- und Bundeswehren sind Männerdomänen. Auch die Chefetagen von DAX-Unternehmen sind Orte, an denen Frauen anfangs als Fremdkörper und Störfaktor wahrgenommen wurden, musste doch ein zusätzlicher Toilettenraum installiert oder ein bestehender geopfert werden.

Sehen wir den Tatsachen ins Auge: In Deutschland leben mehr Frauen als Männer. In Vorständen nicht. Das ist erstaunlich, denn die meisten Firmen haben sich Diversität ins Pflichtenheft und in ihre hauseigene Unternehmensphilosophie geschrieben. Und wer wie ich Diversity als eine Form der Gleichberechtigung betrachtet, muss sich fragen, warum das so ist. Diversity soll bereichern, doch wenn man sieht, dass Frauen in Deutschland 22 Prozent weniger Gehalt bekommen als ihre Kollegen, die den gleichen Job erledigen, muss man Fragen stellen. Handelt es sich hier lediglich um geringe Wertschätzung? Oder ist das bereits eine neue Form von Diskriminierung?

Schauen wir genauer hin. Seit Jahren steigen die Bemühungen von Politik und Gesellschaft, die Vereinbarkeit von Familie und Beruf zu erhöhen. Die Bemühungen, Frauen die Chancen zu geben, die sie verdienen, sind hingegen eher halbherzig. Wer nach der Geburt eines Kindes Geld verdienen möchte, kann das gern tun – aber bitte in den schlecht bezahlten Jobs, die nicht die notwendige Wertschätzung erfahren. Als Pflegekraft, kaufmännische Angestellte, an der Supermarktkasse oder im Reinigungssektor sind Mütter gern gesehen, noch lieber in Teilzeit – jedoch nicht dort, wo »richtig gearbeitet« wird. Woran liegt das? Warum werden den Frauen Führungspositionen auf allen Ebenen der Unternehmenshierarchie verweigert? Warum liegt der Frauenanteil in Führungspositionen in einem Land, das so stolz ist auf seine Fortschrittlichkeit, bei mageren 15 Prozent, in Toppositionen gar nur bei drei Prozent? Mir scheint, als hätten die Männer in Führungspositionen Angst um ihre eigenen Aufstiegsmöglichkeiten. Dasselbe Phänomen sehen wir zurzeit in der Flüchtlingskrise. Bestimmte Bevölkerungsgruppen wehren sich gegen die Fremden, weil sie in ihnen eine Bedrohung für den eigenen sozialen Status sehen. Hier wirken nach meiner Einschätzung die gleichen Instinkte, der gleiche Selbsterhaltungstrieb.

Frauen sind meist empathisch, besonnen, kommunikationsbegeistert, konsens- und kontaktfreudig und mit einem hohen Gerechtigkeitssinn und Organisationstalent ausgestattet. Sind das nicht genau die Charaktereigenschaften, die hohe Führungskompetenz garantieren? Jeder

Mann kennt das fantastische Gefühl, wenn man einen nie für möglich gehaltenen Businesserfolg feiern kann. Einen Erfolg, der nur möglich war, weil man zuvor all seine Fähigkeiten in die Waagschale geworfen hat. Warum denken wir, dass Frauen nicht dieselben Erfolgserlebnisse feiern möchten? Frauen wollen Produktivität und Effizienz beweisen und angemessen dafür entlohnt werden – nicht mehr, aber auch nicht weniger. Sie wollen nicht düpiert und gedemütigt werden wie die Frauenfußballnationalmannschaft, die 1989 für den Gewinn des EM-Titels vom DFB mit einem Kaffeeservice belohnt wurde.

Geben wir es doch einfach zu: Alle bisherigen Wirtschaftskrisen basieren auf der Zockermentalität der Männer – das wissen wir nicht erst seit dem Größenwahn, mit dem Banken uns 2008 an den Rand des Kollapses gebracht haben. In den schwierigen Zeiten, die uns bevorstehen, wäre eine Wiederholung einer solchen Katastrophe der Anfang vom Ende. Ich halte es angesichts der Geschichte, aus der wir ja schließlich alle lernen sollen, nicht für die schlechteste Idee, dass die Frauen den Männern auf die Finger schauen. Soziale und emotionale Kompetenz sorgen für mehr Kompromisse, und die sind allemal besser als die zerstörerische Sucht nach grenzenlosem Wachstum. Stellen wir uns am Ende unserer Gedankenreise einfach nur die Frage, warum all die oben beschriebenen Eigenschaften von Frauen seit Jahren Lehrinhalte von Managerseminaren sind.

Die Grenzen von Diversity

Wer nicht nur den Umsatz in den Fokus rückt, sondern auch den Menschen – und damit meine ich natürlich nicht nur die Kunden, sondern ganz besonders die Mitarbeiter –, ist in der Zukunft angekommen. Und wer den Menschen als Schlüssel zum Erfolg erkannt hat, muss sich gleichzeitig fragen: Welchen Stellenwert hat eigentlich der Personalchef in meinem Unternehmen? Nun, in den meisten nicht den, der ihm gebührt. Schließlich entscheidet er über das berufliche Schicksal der Menschen – und zwar nicht nur über das Schicksal derjenigen, die im Unternehmen landen, sondern auch über das der Mehrheit, die abgelehnt wird.

Diversity hat uns diesbezüglich alle erreicht. Der Personalchef gibt heute allen gern eine Chance, unabhängig von den Nuancen, die uns unterscheiden. Nur eine Kategorie Mensch bleibt in der Regel Außenseiter: der Querdenker. Ist er zudem noch ein Quereinsteiger, sinken seine Chancen ins Bodenlose. Betrachten wir einfach einmal den alltäglichen Prozess der Bewerberauswahl. Der Entscheider greift nach einer Bewerbungsmappe und bewertet zuerst die Mappe selbst: Standard oder superior? Damit hat der Bewerber bereits die erste Zwischennote auf seinem Zeugnis. Die nächste Stufe: das Foto. Farbe? Schwarz-Weiß? Sympathisch oder eher nicht? Nach zehn Sekunden ist das Urteil gefällt, und auf dieser Basis wird das Anschreiben studiert. Ist der Bewerber hier bereits durchgefallen, wird nach Rechtschreibfehlern gesucht, auch wenn allen durchaus bewusst ist, dass der Bewerber auf der ausgeschriebenen Stelle nie wieder in seinem Leben ein Anschreiben verfassen wird.

Dann der nächste Schritt, der über Leben und Tod entscheidet: der Lebenslauf. Was haben wir denn da? Aha, BWL-Studium, LMU München, vorbildlicher Abschluss mit verdammt guten Noten in verdammt kurzer Zeit, anschließend noch ein Auslandsstudium – ebenfalls mit blendendem Ergebnis. Aber Moment: Warum bewirbt er sich auf den Job des IT-Administrators? Ach so, da steht's: einjähriges Selbststudium wegen Interessenwechsels. Dafür büffeln andere jahrelang in Aachen. War nett, Sie kennenzulernen – der Nächste bitte: vier Jobs in fünf Jahren – der Nächste bitte. Fünf Jahre SAP, danach vier Jahre bei IBM: Bingo. Ein Geschenk des Himmels. Und dieses Foto! Das Bild allein strahlt Kompetenz aus, das erkennt man doch bereits auf den ersten Blick.

Doch am Ende kann auch der vielversprechendste Bewerber scheitern, weil er menschlich nicht ins Team passt. Niemand sagt sich beim Anblick des Scherbenhaufens: Vielleicht hätte ich doch dem Quereinsteiger eine Chance geben sollen. Und überhaupt: Welcher Personalchef googelt fünf Jahre später nach dem Schicksal eines Abgelehnten? Nein, viel zu groß ist die Angst, dass dieser mittlerweile IT-Leiter beim größten Wettbewerber ist und man sich eingestehen muss, dass man sich geirrt hat. Ein Personalchef, der mit seiner Menschenkenntnis danebenliegt: Das klingt nicht nur nach Scheitern auf der ganzen Linie, sondern auch nach der mangelnden Bereitschaft, aus Fehlern zu lernen.

Fazit

Der Computerpionier Alan Kay hat einmal gesagt: »Die beste Methode, die Zukunft vorherzusagen, besteht darin, sie zu erfinden.« Und der griechische Staatsmann Perikles wusste schon vor 2500 Jahren: »Es kommt nicht darauf an, die Zukunft vorauszusagen, sondern darauf, auf sie vorbereitet zu sein.« Denken wir diese Sätze unter dem Aspekt »Diversity« ein kleines Stück weiter, dann erkennen wir: Ein Team von exzellenten Vorhersagern kann eine Zukunft *erschaffen*. Betrachten wir unsere Gegenwart und gleichzeitig die dazugehörige Vergangenheit, dann erkennen wir, dass unsere Gegenwart die Zukunft ist, die exzellente Vorhersager wie Steve Jobs und Mark Zuckerberg erschaffen haben. Ganz einfach, indem sie Dinge entwickelt haben, die es noch gar nicht gab, von denen sie aber zutiefst überzeugt waren, dass sie in der Zukunft Anwendung finden werden – weil sie unser Leben ein Stück einfacher, interessanter, abwechslungsreicher (setzen Sie hier einen positiven Komparativ Ihrer Wahl ein) machen. Wer mit vielfältigen Produkten die vielfältigen Bedürfnisse der Menschen ansprechen und sogar stillen möchte, braucht die Vielfalt der Mitarbeiter, in deren Köpfen die Ideen dafür entstehen können. Auch wenn heute Vielfalt – gerade im Bereich Kommunikation – noch kleinere Probleme bereitet, sollten wir den entschädigenden Blick nach vorn wagen.

Was denkt Daniel?

»Genau das ist das Dilemma in Sachen Diversity: Am Arbeitsplatz freuen wir uns über den Kontakt zu einer fremden Kultur – im Privatleben sind wir da deutlich skeptischer und zurückhaltender. Für die Unternehmen sehe ich unendlich viele Bereicherungen durch die neuen Sichtweisen und die neuen Kompetenzen. Die Probleme, die das alles mit sich bringt, sind doch eher marginal. Da muss ich lange nachdenken, bis mir ein Argument einfällt. Neulich habe ich von einem unserer Zulieferer erfahren, dass er jetzt Englischkurse anbietet – für die deutschen Mitarbeiter, damit die mit den zahlreichen anderen Nationalitäten im Unternehmen besser kommunizieren können. Das war einfacher, als ›Deutsch für Ausländer‹-Kurse ins Leben zu rufen, zumal die meisten unserer Koryphäen aus Asien – insbesondere Russen und Inder – sowieso nur auf der Durchreise sind. Nach zwei oder drei Jahren zieht es sie zu neuen Herausforderungen, und deshalb rechnet sich für sie die zeitliche Investition in das Erlernen einer neuen und schwierigen Sprache nicht, die sie später sowieso nie wieder sprechen und deshalb vergessen werden. Ich denke sogar, dass solche Kurse für die deutschen Mitarbeiter eine willkommene Abwechslung im Alltag sind. Und kostenloses Know-how, das man im weiteren Leben auch privat tagtäglich nutzen kann, erhält man schließlich auch nicht alle Tage.

Ich bin auf dem Dorf groß geworden und bin dort noch heute in sozialen Projekten aktiv. Der Umgang mit Menschen ist mir wichtig, und deshalb finde ich es traurig, dass moderne Unternehmen Unterschiede zwischen Behinderten und Nichtbehinderten oder zwischen Frauen und Männern machen. Spaß kommt doch erst durch Vielfalt ins Büro. Erst mit Holländern und Österreichern im Team wird eine Fußball-WM so richtig lustig. Und weil ich mich mit meinen Kolleginnen und Kollegen auf der Basis unserer Unterschiede necken kann, komme ich jeden Morgen gern zur Arbeit. Mir graut es ehrlich gesagt bei dem Gedanken, dass alle meine Kollegen Klone von mir wären.«

5. Fähigkeiten, die begeistern

Warum Besonderes besonders honoriert werden muss

Über Jahrhunderte hat sich eine bestimmte Philosophie in den Köpfen der Unternehmen eingebrannt: Kunden bringen das Geld und müssen deshalb auf Händen getragen werden – Mitarbeiter werden bezahlt und haben alles dafür zu geben. Heute sieht die Realität deutlich anders aus. Zwar ist der Kunde immer noch König (eine Beförderung wird ihm leider von den meisten Unternehmen noch verweigert), doch auch der perfekte Mitarbeiter wird heute hofiert – wenn er denn gefunden wird. Viele Dinosaurier tun sich noch schwer mit der neuen Gewichtung, aber wer nicht aussterben möchte, muss sich auch heute noch den aktuellen Spielregeln anpassen.

Digitale Technologien, die das auf Recruitingebene leisten, erobern die HR-Büros weltweit. Ganz vorn dabei: Cornerstone aus Santa Monica. Das Unternehmen bietet cloudbasierte Software, mit der die aussichtsreichsten Kandidaten bewertet werden können. Ist der ideale Mitarbeiter für das Unternehmen gefunden, zündet Cornerstone die zweite Stufe: Die Software verbindet Mitarbeiter und Unternehmen unter HR-Kriterien. So findet der Mitarbeiter einen schnelleren sozialen Zugang zum Unternehmen, was die Konnektivität und die Produktivität steigert. Vernetzungen mit Kollegen, Bewertungen, Performance Management und die Optimierung von Vergütungsmodellen finden auf derselben Plattform statt. Am Ende können die eigenen »Talent Pools« organisiert und frei gewordene

Stellen schneller mit den besten Kandidaten aus den eigenen Reihen besetzt werden.

Wer nach Leistung bezahlt wird, ist zufriedener und in der Folge motivierter. Das eigene Gesicht auf dem Schild »Mitarbeiter des Monats« reichte vor ein paar Jahren noch aus, um die Topverkäufer für vier Wochen zufriedenzustellen. Heute sind die Ansprüche parallel zu den Leistungen gewachsen. Außerordentliche Leistungen lassen sich nicht mehr mit einem Griff in den Werbegeschenkeschrank ausgleichen, und es ist auch nicht sehr einfallsreich, jemanden dafür zu belohnen, dass er es geschafft hat, ein Jahr länger zu leben oder ein Jahr länger zu bleiben. Wie wäre es mit einer E-Mail an alle Mitarbeiter, in der die besondere Leistung des Einzelnen beschrieben und mit einem Dankeschön honoriert wird? Wie wäre es mit einer Einladung zum Mittagessen in einem gehobenen Restaurant? Eine gute Gelegenheit, ein Personalgespräch zu führen und auch Persönliches zu besprechen. Ziele und Wünsche des Mitarbeiters können kommuniziert und von der Führungskraft gespeichert werden. So weiß man bereits, was den Mitarbeiter beim nächsten Mal glücklich macht.

Doch es geht noch mehr. Ein Geschenkpaket an die Privatadresse mit handgeschriebener Dankeskarte begeistert auch im digitalen Zeitalter. Geschenke müssen übrigens nicht teuer sein. Alles, was nicht erwartet wird, kommt an. Was kostet es das Unternehmen, den Mitarbeiter im Mitarbeitermagazin oder im Company Newsletter abzubilden? Nicht mehr als eine kurze Anweisung an die zuständige Abteilung. Was kostet ein Tag »Sonderurlaub«? Was auch immer Sie sich einfallen lassen, Sie geben nicht nur etwas, sondern erhalten auch etwas viel Wertvolleres zurück: Engagement. Und engagierte Mitarbeiter steigern nicht nur die Produktivität und in der Folge den Umsatz, sondern erhöhen auch unmittelbar die Kundenzufriedenheit.

Und wenn Ihnen gar nichts einfällt, verlassen Sie sich auf die Kreativität Ihres Mitarbeiters. Lassen Sie ihn einen Fragebogen ausfüllen, in dem er über Hobbys und Leidenschaften befragt wird. Mit diesem Hintergrundwissen erhalten Sie einen Ideenpool für die nächste Dankeschön-Aktion.

Was uns wirklich motiviert

Geld ist nicht alles – das wissen wir längst. Aber was bringt uns dazu, Überdurchschnittliches zu leisten? Was können Manager und andere Führungskräfte tun, damit wir auch das letzte Hemd für unser Unternehmen geben? Und was zieht uns auch am Wochenende ins Büro? Edward L. Deci, Psychologieprofessor an der Universität von Rochester, New York, hat sein ganzes Leben danach geforscht und die Antworten auf diese Fragen gefunden. Wie so vieles liegt das Geheimnis in unserer Kindheit, in unseren sozialen Strukturen. Wenn Eltern ihre kleinen Kinder dazu bringen möchten, etwas Bestimmtes zu tun, stellen sie eine kleine Belohnung in Aussicht – in der Regel anfangs Süßigkeiten und später Geld. Wir werden also von Kindesbeinen an darauf konditioniert, gegen Bezahlung Leistung zu erbringen. Weil dieses Prinzip schon bei den Kleinen funktioniert hat, wenden Unternehmen es noch heute bei den Großen an. Bestes Beispiel dafür ist die Weihnachtsgratifikation. Sie ist nicht nur Dank für das im Jahr Geleistete, sondern wird gleichzeitig als Motivationsschub für die nächsten zwölf Monate verstanden. Diese Formen der Motivation nennt Deci extrinsische Motivation. Sie wird von außen gesteuert, und wir gehorchen ihr, weil wir Belohnung erhalten und Bestrafung vermeiden wollen. Nur deshalb gibt es Dinge wie Deadlines. Auch Verführung ist extrinsische Motivation. Verführung ist etwas Schönes, doch hinterher sind wir selbstkritisch und fragen uns, warum wir so schwach waren, ihr zu erliegen.

Es gibt aber noch eine weitere Form der Motivation: die intrinsische. Auch sie schlummert seit unserer Geburt in uns. Sie bringt uns dazu, Dinge auszuprobieren, Fremdes zu erforschen – ganz einfach deshalb, weil es uns Spaß macht. Es macht uns Spaß, Rätsel zu lösen, es macht uns Spaß, mit Menschen zu kommunizieren. Oder anders formuliert: Was uns Spaß macht, das motiviert uns auch. Diese Form der Motivation ist Teil von Edward Decis Selbstbestimmungstheorie. Wir entscheiden selbst, was uns Spaß macht, und motivieren uns dafür selbst. Wir pushen uns zum Ziel. Belohnung und Anweisung kommen von außen und können wie Gift auf die Bereitschaft wirken. Manager sollten sich also nicht fragen: Was kann ich tun, um den Mitarbeiter zu motivieren? Die Frage sollte vielmehr lauten: Welche Umgebung und welche Bedingungen muss ich erschaffen, damit der Mitarbeiter die Voraussetzungen erhält, sich selbst zu motivieren? Erinnern Sie sich an Gabriele Jansen, die Expertin für Business Staging aus Kapitel 1? Denken Sie auch an die Ansprüche, die Mitarbeiter an den Digitalisierungsgrad ihres Unternehmens stellen. Freiheit und Selbstbestimmung sind die geheimen Zutaten, also all die Dinge, die Mitarbeiter seit Jahrhunderten verwehrt wurden. Und hier schließt sich der Kreis: Wachsen bedeutet nicht nur, größer zu werden, sondern auch, intelligenter zu werden. Nur wer in der Lage ist, seine eigenen Motivationsauslöser zu kennen und zu bedienen, kann auch die ganz großen Ziele erreichen. Nichts ist motivierender als etwas, das man als persönliche Herausforderung identifiziert, denn es verspricht das Gegenteil von Langeweile. Gegen wen würden Sie am liebsten an jedem Wochenende Golf spielen? Nicht gegen einen blutigen Anfänger und auch nicht gegen die Top 10 der Weltrangliste. Nein, Sie spielen am liebsten gegen jemanden, der eine Klasse über Ihnen spielt. Jemand, dessen Handicap eine Leistungsstufe symbolisiert, die Sie im nächsten Jahr erreichen möchten. Schließlich ist es eine Herausforderung. Sie können ihn durchaus besiegen, wenn Sie sich anstrengen und der Wind auf Ihrer Seite ist. Und Sie können gegen ihn verlieren, von ihm lernen und dadurch besser werden. Dann kommt es am Ende nicht mehr auf Sieg oder Niederlage an, sondern auf das persönliche Upgrade. Effektivität ist die Essenz echter Motivation. Nur wer auf Dauer das Gefühl hat, einen Beitrag zu leisten, ist auch bereit, weiterhin alles zu geben. Anerkennung ist die Cocktailkirsche, die uns symbolisiert, dass unsere Leistung auch den Wert hat, den wir ihr selbst beimessen. Ein Manager, der meine Leistung durch Anerkennung honoriert, zeigt mir, dass er in der Lage ist, die Perspektive zu wechseln, durch meine Brille zu schauen.

Geld allein macht nicht glücklich?

Der US-Komiker Jim Carrey hat einmal auf die Frage nach dem Sinn des Lebens geantwortet: »Ich denke, jeder sollte reich und berühmt werden und all die Dinge tun, von denen er immer geträumt hat – damit er sieht, dass das nicht die Antwort ist.«

Alles, was wir bis heute erreicht haben, verdanken wir Pionieren. Menschen, die den Mut hatten, Neues auszuprobieren und neue Wege zu beschreiten, wobei sie nicht selten die Boote hinter sich verbrennen mussten – oder wollten –, weil für sie der Weg zurück keine Perspektive mehr bot und die alten Methoden für sie keine Option mehr waren.

Pioniere sind manchmal Träumer und manchmal Visionäre. Eins sind sie aber immer: davon überzeugt, dass ihr Weg vielversprechender ist als all das, was sich über viele Jahre in der Gesellschaft etabliert hat. Dann können Pioniere sogar zu Reformern werden.

Der brasilianische Unternehmer Ricardo Semler ist ein solcher Pionier. Seine Ansichten gelten als ebenso unkonventionell wie revolutionär, aber seine viel diskutierten Methoden funktionieren – zumindest dort, wo sie eingesetzt werden. Seit er das Unternehmen seines Vaters übernommen hatte, stieg die Mitarbeiterzahl innerhalb von 20 Jahren von 90 auf über 3000; der Umsatz stieg unaufhaltsam von umgerechnet vier auf 212 Millionen Dollar. Seine erste Amtshandlung bestand in der Reduzierung des Managements um 60 Prozent und der Einführung weitreichender demokratischer Prozesse. Die Folge: Seine HR-Abteilung beschäftigt gerade einmal zwei Mitarbeiter. Die Einstellungsgespräche führen die Teams. Jeder bestimmt sein Gehalt selbst, ebenso seine Arbeitszeiten und seinen Urlaub. Ein zentrales Bürogebäude existiert nicht, wodurch jeder Mitarbeiter durchschnittlich zwei Stunden Anfahrtszeit einspart. Die logische Konsequenz: In Brasilien katapultierte er sich in der Liste der Wunscharbeitgeber auf Platz eins.

Ricardo Semler hat mit seinen Ideen innerhalb von zehn Jahren ein Wachstum von 900 Prozent erzielt. Und er hat gleichzeitig Fragen gestellt, die das Establishment infrage gestellt haben. Eine davon lautete: Warum haben wir im Zeitalter des Internets immer noch Schulsysteme und Lehrpläne, die seit 150 Jahren nahezu unverändert sind? Semler reagierte auf diese Frage mit aller Konsequenz – und etablierte in seinem Land ein revolutionäres privates Schulsystem, in dem es um Förderung geht. Genau genommen um die Förderung von Leidenschaften und Interessen. Da kann im Unterricht auch schon einmal ein Siebenjähriger neben einem Zwölfjährigen sitzen. Semler hat erkannt, dass nicht nur Erwachsene unterschiedliche Vorlieben und Talente haben, sondern auch Kinder.

Die Qual der Wahl: BYOD versus CYOD

Die Philosophie des Pioniers Ricardo Semler trägt Früchte. Zwar traut sich kein anderes Unternehmen auf der Welt, die Prozesse in dieser Radikalität in seine eigenen Strukturen zu implementieren, doch die vermeintlichen Rosinen werden gern herausgepickt. Was vor über 30 Jahren in Brasilien begann, wird von den Industrienationen nach und nach angenommen und umgesetzt. Eines hat sich allerdings bereits heute weltweit durchgesetzt: Unternehmen haben erkannt, dass Mitarbeiter durchaus in der Lage sind, Verantwortung zu übernehmen, und dass diese Form von Selbstständigkeit sie zu Höchstleistungen motiviert. Das setzt natürlich Vertrauen voraus, was für viele Führungskräfte eine Herausforderung darstellt. Wenn man allerdings die wenigen Einzelfälle betrachtet, in denen dieses Vertrauen missbraucht wird, kann man dieses Risiko außer Acht lassen.

Vertrauen, Verantwortung, Selbstständigkeit und Motivation – das sind die vier Reiter des Erfolgs, denn sie sind die Voraussetzungen für Produktivität. Produktivität wiederum hat eine ganze Menge zu tun mit Leistungsbereitschaft und Leistungsfähigkeit. Wer Leistungsfähigkeit begrenzt, der senkt auf Dauer auch die Leistungsbereitschaft und in der Folge die Produktivität des Einzelnen. Wenn Sie einem herausragenden Mitarbeiter nicht das zur Verfügung stellen, was er zur Entfaltung seiner vollen Leistungsfähigkeit benötigt und deshalb auch erwartet, demotivieren Sie ihn. Er wird diese Produktionsmittel beim Wettbewerb suchen, der ihn mit offenen Armen und rotem Teppich empfangen wird.

Das Thema BYOD (Bring your own device) wird in einer Welt, die immer mehr auf digitale Unterstützung setzt, immer intensiver diskutiert. Wer sein eigenes Gerät mit zur Arbeit bringt, ist ein potenzielles Sicherheitsrisiko, denn eine Verbindung zwischen diesem Gerät und dem Firmennetzwerk öffnet Cyberattacken Tür und Tor. Wer nicht Unsummen für Sicherheitstechnologie verschwenden möchte, hat nur eine Alternative, die auch tatsächlich funktioniert und den Großteil der Probleme für alle Zeiten löst: CYOD (Choose your own device). Aktuelle Hard- und Software wird von Unternehmensseite zur Verfügung gestellt. Wer sich in seiner Effizienz entfalten und wirklich produktiv sein möchte, kann das nur leisten, wenn die Technologie ihn dabei unterstützt. Sie muss sich den Wünschen und Ansprüchen des Users unterordnen und sich ihm anpassen. Wir beobachten in den meisten Unternehmen das genaue Gegenteil. Entweder steht am Arbeitsplatz alte Technologie zur Verfügung oder aber ein Gerät mit einem anderen Betriebssystem, einer anderen Menüführung oder einer anderen Softwareversion. Wirklich intuitive Bedienung kann dabei gar nicht erst entstehen. Wer ein Tablet bevorzugt und zum Desktop-Rechner gezwungen wird, nimmt das Tablet irgendwann selbst in die Hand. Und zwar das aus seinem Wohnzimmer. Wir geben Unsummen fürs Recruiting aus – und scheitern an 500 Euro für ein Tablet. Wir wechseln alle zwei Jahre den Firmenwagen – und arbeiten noch immer mit dem fünf Jahre alten Laptop. Jedes dreijährige Kind kann ein Tablet bedienen – und schleppt drei Jahre später noch immer den tonnenschweren Schulranzen wie Sisyphus Tag für Tag für Tag hin und zurück. Effizienz und Intelligenz sehen irgendwie anders aus, denkt so manches Schulkind. Und so manches schiebt die Frage hinterher: »Wo bleibt er denn, der digitale Wandel, wenn man ihn mal wirklich braucht?«

Wann kommt es, das digitale Klassenzimmer? Erinnern wir uns an Bill Gates, der vor 30 Jahren gefragt wurde, wann denn die Tastatur von den Schreibtischen verschwindet und durch Sprachbefehle ersetzt wird. »Voice is tricky«, lautete seine Antwort. »Vier bis fünf Jahre werden wir deshalb wohl noch warten müssen.« Vermutlich würde er heute auf dieselbe Frage dieselbe Antwort geben, denn durch den digitalen Fortschritt hat sich auch das Problem der Spracherkennung verändert. Zur Lösung dieses Problems müsste man die eigene Stimme nicht nur codieren, sondern die entstehende Software auch personalisieren. Oder versuchen Sie mal, im Café eine E-Mail zu diktieren, während der Herr am Nebentisch lautstark mit seinem Smartphone telefoniert. Nichts klingt schöner als Zukunftsmusik, doch wer wird sie komponieren?

Gefangen im eigenen Denken

Digitalisierung und Vertrauen gehören zusammen. Die Möglichkeiten, die moderne Informationstechnologie bietet, könnten Unternehmen dazu verleiten, die eigenen Mitarbeiter einzig und allein anhand ihrer Netzwerktätigkeit zu bewerten. Welcher Mitarbeiter im Homeoffice ist wie viele Stunden in der Woche online? Technische Möglichkeiten verführen dazu, sie auch zu nutzen. Hier kommt wieder das Vertrauen ins Spiel: Erzeugt Kontrolle gute Leistung? Erzeugt noch mehr Kontrolle noch bessere Leistung? Monitoring führt dazu, dass auf die Arbeitszeit geschaut wird – und nicht auf die Effizienz. Ricardo Semler geht den anderen Weg: Wer die anvisierten Umsatzzahlen der Woche bereits am Mittwoch erreicht, darf den Rest der Woche am Strand verbringen.

Unternehmen erhalten durch herausragende Mitarbeiter neue Chancen. Aber sie müssen auch gewillt sein, sie zu nutzen. Doch zahlreiche Unternehmen lassen Potenziale brachliegen. Sie beschränken ihre hellsten Köpfe und schneiden sie gleichzeitig von der Außenwelt ab. Die einen sperren im Unternehmensnetzwerk YouTube – in der digitalen Welt Problemlöser Nummer eins mit Millionen von Tutorials –, die anderen sperren Facebook – und beschneiden damit die sozialen und die Wissenskontakte der Mitarbeiter. Es ist schlimm, wenn man in seiner Freiheit beschnitten wird. Wenn man sich allerdings in dieser Form selbst beschneidet, die Auswirkungen kennt und es trotzdem tut, dann hat man in der modernen Welt irgendwann den Anschluss verloren.

Was denkt Daniel?

»Also, für mich und alle, mit denen ich zu tun habe, hat Begeisterung, Produktivität und Motivation auf jeden Fall viel mit Technologie zu tun. Was wir tagtäglich von morgens bis abends privat nutzen, möchten wir natürlich auch im Unternehmen nicht missen. Wir erhalten bei uns mobile Hardware, die wir auch privat nutzen dürfen. Wenn etwas durch unsachgemäße Behandlung innerhalb der dreijährigen Nutzungszeit kaputtgeht, müssen wir 80 Prozent der Neuanschaffungskosten tragen. Das finde ich mehr als fair, denn wenn mein eigenes Device den Geist aufgibt, muss ich 100 Prozent tragen.

Motivation ist für mich das Gegenteil von Frust. Der würde sich bei mir einstellen, wenn ich minderwertige Hardware nutzen müsste. Gott sei Dank sind wir da durch die Bank – gerade im Desktop-Bereich – immer auf dem neuesten Stand. Und wir dürfen auch bei der Anschaffung Wünsche äußern. Das ist aber erst seit kurzer Zeit der Fall. Noch vor zwei Jahren mussten wir essen, was auf den Tisch kam.

Meine Tochter Carolin ist vier Jahre alt, und ich denke jedes Mal, wenn ich sie in den Kindergarten bringe, warum sie zu Hause ein Tablet nutzen darf, dort aber nicht. Natürlich müssen mit Bauklötzen motorische Fähigkeiten trainiert werden, aber wenn ich sehe, wie viel geniale Lernsoftware für Tablets verfügbar ist, frage ich mich, warum dafür nicht täglich ein halbes Stündchen zur Verfügung gestellt wird. Und wenn ich sehe, was mein siebenjähriger Sohn Constantin jeden Morgen für die Schule auf den Rücken wuchtet, kann ich nur mitleidig den Kopf schütteln. Für mich ist das eine langfristige Arbeitsbeschaffungsmaßnahme für die Orthopäden von morgen. So teuer kann das doch gar nicht alles sein: Auf ein Tablet passen Tausende von Büchern und Tutorials. Warum nicht eine Schülerversion anbieten, stoßsicher und ohne WLAN und Kamera? Und der schnellste Prozessor muss auch nicht rein. Wir Erwachsene suchen täglich nach Möglichkeiten und Lösungen, unseren Arbeitsalltag zu vereinfachen. Warum dürfen unsere Kinder nicht dieselben Rechte für sich in Anspruch nehmen? Unsere Welt wird immer digitaler und vernetzter. Warum bereiten wir unsere Kinder nicht auf die Welt vor, in der sie leben werden?«

6. Das Geben-Prinzip

Nehmen Sie noch oder geben Sie schon?

*»We make a living by what we get,
but we make a life by what we give.«*
Winston Churchill

Viele geben gar nichts, einige geben etwas, und nur ganz wenige geben alles. Wenn es darum geht, Gutes zu tun, ist jeder sich selbst der Nächste. Nächstenliebe nennen sie das – und Nächstenliebe nennen sie es auch, wenn das eigene Konto auf Kosten anderer bevorzugt behandelt wird. Eine gute Gelegenheit, an einigen Beispielen zu zeigen, dass es auch anders geht. Ja, ich weiß: Es sind Ausnahmen. Aber Inspiration ist schließlich die kleine Schwester der Motivation.

Ein gutes Gewissen ist Kopfsache

Als die 19-jährige Brittany Mathis Anfang 2014 ins Krankenhaus ging, um Blutgerinnsel an Händen und Beinen untersuchen zu lassen, verließ sie es mit einer niederschmetternden Diagnose: Hirntumor. Brittanys Vater war 33 Jahre alt, als ein solcher Tumor ihn mitten aus dem Leben riss. Ihr selbst wurde eine Behandlung verweigert, weil sie keine gültige Krankenversicherung vorweisen konnte. Ihr Schicksal war besiegelt.

Aber da war ja noch ihr Chef, Michael De Beyer. Der deutschstämmige Gastronom betrieb in der Kleinstadt Montgomery, Texas, ein etabliertes Restaurant von 6000 Quadratmetern. Brittanys Schwester arbeitete dort ebenso wie ihre Mutter, und als Michael von der Diagnose erfuhr, wusste er, dass er handeln musste: Er versteigerte sein Restaurant im Wert von 1,5 Millionen US-Dollar und trug die gesamten Behandlungskosten. »Ich hätte niemals mit dem Restaurant Geld verdienen können mit dem Wissen, dass ich hätte helfen können, es aber nicht getan habe«, sagte er anschließend.

Ab wann ist »Sich-selbst-Geben« dasselbe wie »Nehmen«?

Die höchste Millionärsdichte in den Vereinigten Staaten findet man bekanntlich auf der Wall Street, auf der Fifth Avenue, in Beverly Hills und im Silicon Valley. Auf dieser Liste steht in naher Zukunft ein neuer Ort: ein unscheinbarer Supermarkt der Kette WinCo Foods in Corvallis, Oregon. Sündhaft teure Sportwagen und Swimmingpools mit Olympia-Ausmaßen sucht man dort allerdings vergeblich. Was man findet, sind hoch motivierte Mitarbeiter, denn ihnen gehört die gesamte Kette.

Alles begann 1985, als die Mitarbeiter sich zusammenschlossen und die Supermarktkette zum Preis von zehn Millionen US-Dollar von den damaligen Eigentümern übernahmen. Heute hat das Unternehmen einen Wert von drei Milliarden US-Dollar. Über Arbeitnehmer-Aktien (ESOP: Employee Stock Ownership Plan) wird die Altersvorsorge angespart, und in besagtem Markt in Oregon verfügt die 130 Mitarbeiter umfassende Belegschaft mittlerweile über eine stolze Rentensumme von 100 Millionen US-Dollar.

Als sich Cathy Burch und ihre Zwillingsschwester im Alter von 19 Jahren bei WinCo bewarben, schnitt Cathy beim Einstellungstest einen Hauch besser ab. Die junge Mutter befüllte fortan ein paar Stunden in der Woche die Regale, um damit das Gehalt ihres Vollzeitjobs in einem Fast-Food-Restaurant aufzubessern. Als sie dort ein Jahr später eine Gehaltserhöhung von satten fünf Cent erhielt, kündigte sie und nahm eine Vollzeitstelle bei WinCo an. Heute ist sie 42 Jahre alt und hat rund eine Million US-Dollar auf der Habenseite. Ihre Schwester hatte in ihrem Job bis 2008 rund 30.000 US-Dollar in Aktien angespart, was der Norm entsprach, von denen in der Folge der Lehman-Krise allerdings die Hälfte vernichtet wurde.

Sharing mal anders

Savji Dhanji Dholakia stammt aus einem kleinen Dorf in der indischen Provinz Gujarat und wuchs in einfachsten Verhältnissen auf. Nach der vierten Klasse verließ er die Schule, und im Alter von 13 Jahren zog er nach Surat, der Hochburg der indischen Diamantenindustrie, wo er für seinen Onkel, einen von unzähligen Diamantenpolierern, arbeitete. Nach ein paar Jahren harter Arbeit entschloss er sich, seine eigene Werkstatt zu gründen. Mit seinen Brüdern und einer Handvoll Mitarbeitern begann es – heute, rund 35 Jahre später, exportieren 6000 Mitarbeiter in 79 Länder. Sein Unternehmen Hari Krishna Exports zählt zu den Top 5 der Diamantenproduzenten Indiens.

Savji wollte zurückgeben. Also ließ er eine Software entwickeln, die seine produktivsten Mitarbeiter identifizierte, und entwickelte selbst ein Loyalitätsprogramm. In einer feierlichen Zeremonie bedankte er sich vor über 1200 Mitarbeitern für ihre bisherige Leistung: 491 erhielten ein Auto, 525 Diamanten und 200 einen Zuschuss zu einer Wohnung.

Ein Brief von Micky

»Think outside the box«: Dieser Slogan wird Mike Vance zugesprochen, der einst in Diensten von Walt Disney stand. Als Walts Bruder Roy, der die Finanzen des Unternehmens verwaltete, die Mittel für die Filmproduktion kürzte, bat Walt Disney Mike, die Umsätze von Disneyland zu erhöhen, um die für die Filmproduktion nötigen Mittel bereitstellen zu können. Mike stellte ein siebenköpfiges Team zusammen. Lauschen wir dem Brainstorming:

»Lasst uns den Park auch montags und dienstags öffnen.«

»Niemand wird kommen.«

»Nennen wir es *Magic Kingdom Club*. Unternehmen spendieren ihren Mitarbeitern und deren Familien vergünstigte Tickets.«

Was alle überraschte: Die Idee funktionierte. Die Besucher kamen in Strömen und gaben das gesparte Geld für Spielzeug aus.

Ein paar Wochen vergingen. Am Weihnachtsmorgen klingelte es an sieben Türen. Es war Micky Maus, der einen Umschlag überreichte. Der Inhalt: 100 Disney-Aktien, 25 1000-Dollar-Scheine und ein Zettel mit der Handschrift von Walt Disney: »It's fantastic. You're fantastic. Do it again.«

Hören wir deshalb auch in das nächste Brainstorming hinein:

»Lasst uns den Park im Mai donnerstags bis in die Nacht öffnen.«

»Niemand wird bleiben.«

»Wir beschränken es auf die Zwölftklässler der Highschools und nennen es Grad Nites.«

Der Erfolg war überwältigend. Ein paar Wochen später klingelte es wieder an sieben Türen. Wieder war es Micky Maus, und wieder überreichte er einen Umschlag mit derselben persönlichen Notiz von Walt Disney, 25 1000-Dollar-Scheinen und einem Schlüssel.

»Wofür ist dieser Schlüssel, Micky?«

Micky Maus lächelte – und zeigte mit seinem weißen Handschuh auf den roten Ferrari in der Auffahrt.

Tue Gutes und sprich darüber

Nun zu Ihnen: Was tun Sie für Ihre Mitarbeiter? Ist Geben nicht seliger denn Nehmen? Die Beispiele offenbaren die Dankbarkeit der Arbeitgeber. Geben ist aber auch effektiv, wenn die Dankbarkeit der Mitarbeiter im Fokus steht. Alles, was Sie zu geben bereit sind, strahlt auf Sie zurück – und wird zum Leuchtturm für künftige Bewerber, wenn es denn auch deutlich nach außen kommuniziert wird. Ein gutes Beispiel, das immer öfter praktiziert wird, ist die Gesundheitsförderung. Dazu zählen unternehmenseigene Fitnessstudios und vielfältige Sportangebote ebenso wie Kantinenkost, die den aktuellen Stand der Ernährungswissenschaft berücksichtigt. Zuschüsse für Zahnersatz, Massagen und Rückenschulen zünden die nächste Stufe der Großzügigkeit, die am Ende gar nichts kostet. Schließlich ist ein gesunder Mitarbeiter am Arbeitsplatz – und nicht im Krankenbett.

Wer seinen Mitarbeitern nicht nur Sportbereiche zur Verfügung stellt, sondern sie dafür auch noch bezahlt, indem er beispielsweise zwei Stunden Sport wöchentlich auf die Arbeitszeit anrechnet, macht deutlich, wie wichtig ihm die Gesundheit wirklich ist. Die Realität sieht in vielen Unternehmen leider völlig anders aus.

Das Leben ist viereckig

Weiß ein Huhn in einer Legebatterie, dass es Opfer von Massentierhaltung ist? Ich glaube nicht. Es leidet zwar höllisch, weiß aber nicht, warum. Der kleine DIN-A4-Käfig ist sein Haus, sein Universum, denn es kennt nichts anderes. Ich denke, wenn es wüsste, dass es irgendwann geschlachtet wird, würde es diesen Tag herbeisehnen.

Massentierhaltung wird in einer etwas sanfteren Form auch an Menschen praktiziert. Nur wissen die es nicht. Zählen Sie einfach nur einmal die Arbeitsplätze, die ohne Tageslicht auskommen müssen. Und auch die Büros, die aufgrund ihrer Größe diese Bezeichnung gar nicht verdient haben – wie zum Beispiel die Millionen von Cubicles, die Büroboxen, die nicht nur in Versicherungen und Callcentern an Legebatterien erinnern: Auf 2,5 bis sieben Quadratmetern müssen Mitarbeiter ihr Arbeitsleben fristen. Mit der euphemistischen Bezeichnung »Action Office« wurden diese Käfige seit den Sechzigerjahren schöngeredet. Marketing ist mächtig. Nun ja, sie waren tatsächlich ein Fortschritt in Sachen Büroarbeit, boten sie doch im Vergleich zum bestehenden System, wo Tausende von Schreibtischen in Reihen nebeneinanderstanden und konzentriertes Arbeiten unmöglich machten, endlich einen Hauch von Privatsphäre und Schallschutz. Der Erfinder Robert Propst hatte bei der Entwicklung Mathematiker, Verhaltenspsychologen und Anthropologen konsultiert und die bestehenden Probleme identifiziert: Stundenlanges Sitzen auf einer Stelle ging zulasten des Bewegungsapparats und der Blutzirkulation, und die steigende Flut von Informationen konnte in den Großraumbüros nicht mehr konzentriert verarbeitet werden. Dank verstellbarer Arbeitsflächen konnte auch im Stehen gearbeitet und so der Kampf gegen die Müdigkeit gewonnen werden. Fünf Milliarden Dollar setzte der Hersteller Herman Miller aus Zeeland, Michigan, mit diesen Käfigen allein bis 2005 um. Der Erfolg basierte zum Teil auch auf den steuerlichen Vorteilen. Die Cubicles zählten zu den Möbeln, die über sieben Jahre abgeschrieben werden konnten, während richtige Büros über 39,5 Jahre in den Büchern standen. Steuervorteile nimmt auch heute noch jeder gern mit, gern auch auf Kosten anderer.

Flexibles Arbeiten sorgt dafür, dass diese Bürogeneration dem Untergang geweiht ist. Dazu gehören »Open Workspaces« ebenso wie das Homeoffice und optimierte Arbeitszeiten, die die Bedürfnisse des Einzelnen berücksichtigen. Das alles bringt nicht nur Abwechslung in den Büroalltag, sondern erhöht im Nebenjob auch Kreativität und Produktivität. Tom Garrison, Vice President and General Manager Business Client Platforms bei Intel, präsentiert in Bezug auf flexibles Arbeiten interessante Zahlen aus der Zentrale in Santa Clara. Der Nutzungsgrad des dortigen Bürogebäudes liegt gegenwärtig bei 14 Prozent. Die Kosten pro Kopf und Quadratmeter konnten in den letzten drei Jahren dadurch um satte 37 Prozent gesenkt werden.

Angemessene Bezahlung bewegt uns dazu, den Arbeitsvertrag zu unterzeichnen. Die unzähligen kleinen Sonderleistungen bewegen uns zum Bleiben. Kennt ein Bewerber all diese Sonderleistungen, haben sie massiven Einfluss auf seinen Entscheidungsprozess. Das fängt bei der Besichtigung des Arbeitsplatzes an. Ein Bürodrehstuhl aus dem Baumarkt, der jegliche Ergonomie vermissen lässt, kann auch durch einen kostenlosen Obstkorb auf dem Empfangstresen nicht wettgemacht werden. Wer hingegen einen verstellbaren Schreibtisch erblickt, der auch Arbeiten im Stehen zulässt, weiß auf Anhieb, welch schöne Welt ihn außerhalb eines Cubicles erwartet.

Viele Unternehmen gehen Kooperationen mit Dienstleistern aus der Sport- und Gesundheitsbranche ein. Sie verteilen Gutscheine an Mitarbeiter, mit denen diese zahlreiche Angebote zu stark reduzierten Preisen nutzen können. Kletterwände, Yogakurse und Physiotherapien gehören ebenso dazu wie Belohnungen für diejenigen, die das Rauchen aufgeben oder zum Normalgewicht zurückfinden. Wer diese Mehrwerte in seine Willkommenskultur integriert, verabreicht seinem Employer Branding eine Vitaminspritze. Geld kann bis zu einem gewissen Grad glücklich machen, aber es kann keine Wände einreißen oder Gräben beseitigen. Fragt man Mitarbeiter, worauf sie besonderen Wert legen, liegen die sozialen Aspekte unangefochten auf den obersten Plätzen ihrer Wunschliste. Dazu gehört nicht nur ein verträgliches Miteinander, sondern im Wesentlichen auch beiderseitige Transparenz. Die kann nur durch offene Kommunikation zwischen Management und Belegschaft entstehen. Wie steht es wirklich um »mein« Unternehmen? Und wie sind die Aussichten? Ehrliche Antworten auf solche Fragen vermitteln Sicherheit.

Kleine Geschenke erhalten die Freundschaft – große auch

➤ Netflix hat in seinem Hauptquartier in Kalifornien eine spannende Regel eingeführt: Jeder darf so viel arbeiten, wie er möchte – ein nie gekanntes Maß an Vertrauen und Selbstbestimmungsrecht. Niemand misst, wie viele Stunden gearbeitet werden und wie viel Freizeit sich der Einzelne gönnt. Selbst über die Zahl der Urlaubstage kann jeder selbst entscheiden. Es kommt der Unternehmensleitung am Ende nur auf den Output an, und deshalb ist der das Einzige, was gemessen und bewertet wird.

➤ Facebook mag Kinder: Jeder Mitarbeiter erhält für jedes Neugeborene einen Sonderbonus in Höhe von 4000 Dollar. Um das Geld auch ausgeben zu können, erhalten die Eltern zusätzlich vier Monate bezahlten Sonderurlaub.

➤ Millennials bevorzugen Firmen, die der Umwelt, dem Planeten und der Gesellschaft Gutes tun. Bei Dell hat man sich mit dem sogenannten »Legacy of Good«-Plan hohe Ziele gesteckt: Die Nachhaltigkeitsstrategie soll bis 2020 dazu führen, dass der Energieaufwand in den Herstellungsprozessen um 80 Prozent sinkt; die Mitarbeiter sollen weltweit fünf Millionen Freiwilligenstunden in Diensten der Gemeinschaft leisten, und über Verpackungen, die zu 100 Prozent kompostier- und recycelbar sind, soll sich die Umwelt freuen – und diejenigen, die sich ihr verpflichtet fühlen. Bereits heute wird ausrangierte Hardware in 78 Ländern zurückgenommen, um sie dem Wertstoffkreislauf wieder zuzuführen. Damit verfügt Dell über das umfangreichste Recyclingprogramm der Welt. Insgesamt umfasst der »Legacy of Good«-Plan 21 Punkte und Ziele, die zu einer Verbesserung der sozialen und ökologischen Strukturen beitragen.

Geben sollte man immer das, was Mitarbeiter sich wünschen. Die Aufhebung des Dresscodes gehört mit Sicherheit ebenfalls dazu, denn Anzug und Krawatte sind Relikte aus längst vergangenen Zeiten. Seien wir ehrlich: Früher symbolisierte diese höchste Form der Verpackung Seriosität und Ehrlichkeit. Doch seit wir von Bankern in italienischen Anzügen wiederholt über den Tisch der Kundenfreundlichkeit gezogen worden sind, hat auch dieses Argument deutlich an Überzeugungskraft verloren. Und wer glaubt, Respekt und Autorität bei Mitarbeitern nur über das teurere Outfit erzeugen zu können, sollte sich und seinen Führungsstil dringend hinterfragen.

Arbeit macht glücklich – Lernen auch

Seit es legalisiertes Glücksspiel gibt, schießen die »Gewinnsysteme« wie Pilze aus dem Boden. Besonders das 1965 eingeführte Lotto am Samstag hat es den Deutschen angetan, und aufgrund des langjährigen Erfolgs führte man 1982 zusätzlich die Mittwochsziehungen ein. Manche Spieler wissen allerdings nicht, wann das Portemonnaie leer ist. Sie leiden an Spielsucht und hoffen täglich auf den ganz großen Gewinn. Die Spirale, die sie in die Privatinsolvenz runterzieht, ist alles andere als eine Glücksspirale, wenn Sie mir diesen Seitenhieb erlauben.

Was fasziniert die Menschen am Lotto? Es ist die Hoffnung, die minimale Chance von eins zu 139.838.160, den maximalen Gewinn am Schopf packen zu können. Allerdings übersehen sie dabei, dass immer nur die Sieger die Titelseiten der Boulevardpresse füllen. Das Millionenheer der Verlierer findet dort keinen Platz. Nichts ist irrationaler als der Glaube an den großen Geldsegen. Aber warum nur pilgern die Menschen täglich in die Lottoannahmestellen? Dafür gibt es nur einen einzigen Grund: Sie wollen endlich ihren langweiligen Job an den Nagel hängen. Wer sich ausrechnet, dass er seinen verhassten Job noch 40 Jahre ausfüllen muss, sucht nach Auswegen. Wer Familie hat, scheut den Arbeitsplatz und noch mehr den Berufswechsel. Die Selbstständigkeit wird einem von allen Seiten ausgeredet und Talentfreiheit stattdessen eingeredet, bis man selbst daran glaubt. Und so schleppt man sich nicht mehr nur samstags, sondern auch mittwochs zum Kiosk seines Vertrauens.

Wer seinen Job liebt, hat deutlich mehr Spaß am Leben – und deutlich mehr Motivation, noch besser zu werden. Lebenslänglich in Bezug auf Lernen ist für solche Menschen nicht Strafe, sondern Belohnung. Und weil Lernen noch mehr Spaß macht, wenn das neue Wissen durch Edutainment vermittelt wird, hat sich der Schuhhersteller BucketFeet (der seine Designs von freien Künstlern kreieren lässt, die er am Gewinn beteiligt) für seine Mitarbeiter etwas Besonderes einfallen lassen: Jeden Monat wird ein Redner zu einem Vortrag eingeladen, um sein Know-how auf unterhaltsame Art und Weise zu vermitteln. Redner kosten Geld, doch umgerechnet auf die Pro-Kopf-Investition ist es günstiges Geld. Gute Speaker versorgen das Unternehmen mit neuen Blickwinkeln und erzeugen Ideen, die auch in einer diversitygeprägten Umgebung vermutlich nie entstanden wären.

Fazit

Geben macht Spaß. Doch Sie fragen sich jetzt bestimmt: Was geben meine Mitarbeiter? Werfen Sie einen kurzen Blick auf Ihren Aktienkurs und die letzte Bilanz, und Sie erhalten die Antwort. Je mehr Sie geben, desto größer ist die Wahrscheinlichkeit, dass sich das in diesen Zahlen widerspiegelt. Die Verbesserung der Zahlen ist Ihr Job – und Ihre Mitarbeiter geben alles, damit Sie Ihren Job gut machen können.

Was denkt Daniel?

»Das Geben-Prinzip: Das klingt für mich eigentlich schon nach der idealen Unternehmensphilosophie. Wenn alle gern geben – Mitarbeiter wie Unternehmen – haben wir den Idealzustand in unserem Beziehungssystem erreicht. Eine bessere Unternehmenskultur kann es ja gar nicht geben. Und ich meine damit nicht das Verteilen von physischen Geschenken, sondern das Gewähren von Freiheiten auf der einen und der Versicherung von Loyalität, gepaart mit 100 Prozent Leistung, auf der anderen Seite. Alle denken immer nur in Geld und anderen finanziellen Vorteilen, aber für mich heißt motiviertes Arbeiten zuallererst Freiraum. Arbeit befriedigt mich, wenn ich so arbeiten darf und möchte, als wäre es mein eigenes Unternehmen. Pauschal kann man wohl sagen, dass für beide Seiten das Gesamtpaket stimmen muss. Irgendwo hat ja jeder ein Interesse daran, dass möglichst viele seiner Ansprüche erfüllt werden. Wenn dann beide Seiten noch ein gewisses Maß an Kompromissbereitschaft beisteuern – auch das ist eine Form von Geben –, ist doch eigentlich alles in Ordnung. Auch wenn die Employer Brandings dieser Welt das Gegenteil behaupten: Der Idealzustand wird vermutlich nirgendwo erreicht. Aber wo Menschen arbeiten, kann und muss das auch gar nicht der Fall sein. Auch Kompromisse können schließlich Erfolge sein, wenn auch nur kleine. Das Gute an Kompromissen ist doch, dass es keine echten Verlierer gibt.«

7.   Die andere Seite

Arbeit aus Sicht des Mitarbeiters

Es gab eine Zeit, da füllte das Thema Work-Life-Balance ganze Bücher-
regale: Wie kann ich im Job leistungsfähig sein und trotzdem Spaß
am Leben haben? Wie viel Arbeit ist noch gesund für mich? Heute
sind wir schlauer – aber nicht wegen der Bücher. Wir haben mittlerweile selbst erkannt, dass es keine Kluft zwischen Arbeit und Leben
gibt, denn schließlich ist die Arbeit ein bedeutender Teil des Lebens.
Und wenn man bedenkt, wie viel Zeit man damit verbringt, ist es sogar ein echtes Schwergewicht. Wir wollen nicht trotz Arbeit leben,
sondern mit ihr. Immer mehr Menschen finden in der Arbeit Erfüllung, und wenn man sich erst mit dem Job identifiziert, hat man die
viel gepriesene Balance bereits hergestellt. Leben und Arbeit sind
keine Gegensätze, sondern Partner, die sich ergänzen. Ohne Arbeit gibt es kein erfülltes Leben, keine Bestätigung, keine Erfolge,
von denen man behaupten kann: »Wow, das hätte nicht jeder geschafft.« Und auch die Liebe kommt bei der Arbeit nicht zu kurz: 30
Prozent aller Paare lernen sich im Unternehmen kennen. Man kennt
sich halt gut. Und Doppelverdiener haben es noch besser. Es bleibt
mehr Geld für das Life nach dem Work.

Alle (Unternehmens-)Welt fragt sich heute: Wie können wir die
junge Generation für uns begeistern? Was muss auf den Tisch, um
ihr unsere Unternehmenskultur schmackhaft zu machen? Riskieren
wir einfach einen Blick durch die Brille eines jungen Talents – und
vergleichen wir diesen gleichzeitig mit einem Vertreter der Generation X.

Gleich – und doch verschieden

Früher wollten alle einen sicheren Job mit Perspektive und Aufstiegsmöglichkeiten. Gegenseitige Loyalität war damals wichtig; man war stolz auf Hürden, die genommen werden konnten – und ebenso stolz auf das Unternehmen, das man repräsentierte. Diesbezüglich hat sich also in den letzten Jahrzehnten gar nichts geändert. Aber was ist heute anders? Was hat das Verhältnis zwischen Arbeitgeber und Arbeitnehmer so sehr beeinflusst, dass kompetenten Mitarbeitern heute rote Teppiche ausgerollt werden? Wir verdanken es einzig und allein dem technologischen Fortschritt. Erinnern wir uns: Früher hatten die meisten Familien *ein* Auto, *einen* Fernseher und *eine* Stereoanlage. Über allem schwebte der Sonntagsbraten als weiteres Symbol der Einmaligkeit, und einer allein verdiente das Geld für all diesen Luxus. Nach der Entdeckung des Videorekorders kamen die Spielekonsolen, die Computer und die Smartphones, und mit ihnen stieg der Konsum digitaler Inhalte exponentiell an. Aus Luxus wurden Selbstverständlichkeiten, und diese Selbstverständlichkeiten sind die Gründerväter der heutigen Ansprüche. Moderne Technologie ist teuer. Wenn sie alt wird, wird sie irgendwann günstig und später zur Ramschware – wenn der teure Nachfolger in den Regalen der Hersteller längst Begehrlichkeiten bei den Konsumenten geweckt hat. Keiner will mehr verzichten, aber alle haben erkannt, dass solche Ansprüche nur mit einem entsprechend hoch dotierten Job zu bezahlen sind. Niemand möchte Bittsteller sein, und deshalb wird Ausbildung ernst genommen. Immer mehr junge Leute setzen den Fokus auf Abitur und Studium, und dafür benötigen sie keinerlei Motivation von außen.

Es gibt aber noch einen zweiten Punkt, in dem Technologie eine entscheidende Rolle spielt, denn Digitalisierung ist nicht nur Auslöser des Status quo, sondern auch Perspektivengeber Nummer eins. Früher waren es einzelne Genies, die die Welt veränderten. Sie erfanden das Rad, die beweglichen Lettern, die Dampfmaschine und die

Glühbirne. Heute verändern kleine Teams die Welt, indem sie die vorhandenen Technologien nutzen und Webseiten, Apps und Devices entwickeln, die sich um den ganzen Globus verbreiten und ihr Unternehmen superreich machen. Jeder kann Teil dieser Veränderung und des anschließenden Erfolgs sein, und dieses große Ziel motiviert mehr als alles Geld der Welt. Mit anderen Worten: Man muss kein Genie mehr sein, um die Welt zu verändern. Beide Seiten des Schreibtischs im Personalbüro wissen um den gesteigerten Wert des Einzelnen, und beide Seiten sind auch bereit, entsprechend zu geben.

Solche Erfolge sind in erster Linie in technologieaffinen Unternehmen möglich. Genau deshalb zieht es die technologieaffine Generation auch dorthin. Buchführung, Marketing und Co. werden auch in Technologie-Start-ups benötigt – dort finden nicht nur Programmierer ein neues Zuhause. Unternehmen, die eher technologiefern sind und solche Mitarbeiter von sich überzeugen möchten, müssen sich schon gewaltig anstrengen. Doch womit wollen diese Unternehmen punkten? Ein QR-Code, hinter dem sich ein Link zur Unternehmensphilosophie verbirgt, ist zu wenig Digitalisierung. Ein Bewerber, der seinen Wert richtig einschätzen kann, erwartet ein entsprechendes Gesamtpaket, weiß aber gleichzeitig, dass die zu Recht hohen Erwartungen des Arbeitgebers erfüllt werden müssen.

Wer früher die Karriereleiter im Sturm nehmen wollte, musste erst einmal Sitzfleisch beweisen. Beförderungen gab es oftmals nur als Belohnung für 30 Jahre Unternehmenstreue. Wer sich allerdings heute in einem Unternehmen durch Leistung einen Namen gemacht hat, erwartet zeitnahe Belohnung. Auch das ist eine Folge des technologischen Fortschritts: In der Onlinewelt kann sich jeder Einblicke in andere Unternehmen verschaffen, die früher verwehrt blieben. Und diese Einblicke produzieren neue Blickwinkel.

Der technologische Fortschritt und die stille Post

Unternehmen investieren viel Geld in neue Technologien, denn zumindest auf dem Papier sprechen die Zahlen eine deutliche Sprache: 20 Prozent Performancesteigerung durch aktuellste Hard- und Software bedeutet aus Controllersicht mindestens 20 Prozent Produktivitätssteigerung, was in einer Umsatzsteigerung von weit über 20 Prozent münden dürfte. Doch wie viel Performancesteigerung kommt bei den Mitarbeitern tatsächlich an? Dell und Intel haben diesbezüglich eine Studie gemeinsam in Auftrag gegeben: »Evolving Workforce«. Die Zahlen, die dabei zutage gefördert wurden, haben für so manche Überraschung gesorgt. In einer digitalen Welt, in der bereits Kleinkinder im Umgang mit Tablets vertraut sind, kommen noch stolze zwölf Prozent der Befragten am Arbeitsplatz komplett ohne IT-Infrastruktur aus. Und von denen, die IT einsetzen, glaubt nur jeder Dritte, dass sie ihn im letzten Jahr produktiver gemacht hat. Der Desktop-Rechner hat mit 78 Prozent weiterhin die Nase vorn. Hätten sie die freie Wahl, würden 66 Prozent den Laptop wählen; lediglich drei Prozent favorisieren das Smartphone, und das Tablet liegt mit nur ein Prozent weit abgeschlagen am Ende der Liste der Begehrlichkeiten.

Welche Eigenschaften müssen IT-Systeme mitbringen, wenn sie bei den Mitarbeitern punkten möchten? Für 83 Prozent ist es eindeutig die Performance, während Gewicht (26 Prozent) und Design (25 Prozent) abgeschlagen am anderen Ende der Bewertungsskala rangieren. In der Praxis sollte man allerdings den unkalkulierbaren Faktor Mensch nicht unberücksichtigt lassen: Das schnittigste Gerät werden vermutlich 90 Prozent dem zweitschnittigsten vorziehen, selbst wenn die Nummer zwei auf dem Papier zehn Prozent mehr Leistung verspricht.

Und welche innovative Kommunikationstechnologie hat die Herzen der Mitarbeiter im Sturm erobert? Nun, das Onlinemeeting ist es nicht, denn das bevorzugen nur sechs Prozent der Befragten. 64 Prozent präferieren das Meeting mit Menschen aus Fleisch und Blut. Instant Messaging kann nur vier Prozent begeistern, die gute alte E-Mail verbucht hier eine Anhängerschaft von satten 64 Prozent. Wir lernen: Der Fortschritt in Sachen Kommunikation hat in Sachen Geschwindigkeit die Performance von Snail Mail.

Innovationsbereitschaft im eigenen Unternehmen? Die sehen längst nicht alle: 41 Prozent sind der Ansicht, dass ihr Unternehmen neue Technologien erst einführt, wenn der Kollaps des alten Systems kurz bevorsteht. Und geballte 34 Prozent waren der Meinung, dass Technologie keinerlei Auswirkungen auf ihre Arbeit hat. In Sachen Innovation besteht also noch eine Menge Kommunikationsbedarf.

Mitarbeiter und Technologie – aus Hassliebe wird Liebe

Früher hat man dem Personal vorgeworfen, neuen Technologien gegenüber eine ablehnende Haltung einzunehmen. Aus damaliger Sicht war diese Ablehnung zum Teil auch begründet. Hatte man gerade alle Macken der bestehenden Software zu umschiffen gelernt, wurde auch schon die neue Software auf neuen Rechnern in die Abteilung gebeamt. Alles begann in den Achtzigern, als die Computer die manuellen Prozesse übernahmen. Argwohn gegenüber den neuen Arbeitskollegen war damals an der Tagesordnung. Heute können wir uns ein (Arbeits-)Leben ohne IT-Unterstützung nicht mehr vorstellen, denn zu stark ist die Vernetzung bereits fortgeschritten. Telefonzellen waren früher standortgebundene Einbahnstraßen und hatten einen Aktionsradius von einem Quadratmeter; heute ist ihre Grundfläche nahezu unendlich groß, nur noch beschränkt durch die Akkureichweite und die Verfügbarkeit der Funknetze. Die Dell-Studie »Evolving Workforce« hat die bisherige Entwicklung in der Arbeitswelt untersucht und auch das sich ändernde Mitarbeiterverhalten einbezogen, um die künftigen Herausforderungen besser identifizieren zu können. Die sozialen und politischen Prozesse, die dadurch in Gang gesetzt werden, sind hierbei besonders zu beachten.

Basis der Veränderung ist die gewachsene Mobilität. Waren wir früher auf eine Kabelverbindung zum Server angewiesen, macht Cloud Computing das Leben einfacher, mögen auch immer noch viele das Thema im Hinblick auf die Datensicherheit gespalten beurteilen. Der Vorteil dieser Technologie kann jedoch nur genutzt werden, wenn die mobilen Geräte, die diese Datenmengen nutzen, auch die entsprechende Performance zur Verfügung stellen. Die Flexibilität, die sich dadurch auf allen Ebenen der Zusammenarbeit ergibt, wird die mögliche Produktivität um ein Vielfaches erhöhen:

➤ Teams werden zusammenarbeiten, ohne sich zu kennen. Sie werden abends virtuell zusammengestellt und bereits am nächsten Morgen – unter Einsatz modernster Kommunikationsmittel – miteinander vernetzt. Hierarchien, wie wir sie heute kennen, werden entfallen – die Teams organisieren sich intern. Die einzigen Hierarchien, die latent noch erkennbar sind, entstehen durch die jeweiligen Kompetenzen.

➤ Mobilität wird eine ganz neue Dimension erfahren, wenn die mobilen Geräte nur noch Rechenprozesse in Gang setzen, die auf den Cloudservern ausgeführt werden und dazu deren volle Leistung nutzen können. Sobald es sich hier um »High Performance Computing«-Systeme (HPC) handelt, ist die entsprechende Power im Back-End verfügbar. Laut Dell verkürzen sich zum Beispiel Rechenprozesse in der Erbgutentschlüsselung, die ohne diese Technologie sieben Tage benötigen, mit HPC auf vier Stunden. Bildhafter lässt sich technologischer Fortschritt wohl kaum darstellen. Die Folge: Die Verbreitung mobiler Geräte wird geradezu explodieren, sobald ein Tablet in erster Linie als Display fungiert. Viel Rechenpower wird auf diesen Geräten nicht benötigt, wenn Rechenbefehle nur noch an Hochleistungscomputer versendet werden und die Ergebnisse in Sekundenbruchteilen zurück aufs Display gepusht werden.

➤ Die frisch ins Unternehmen drängenden »Digital Natives« und die Generation, die das Unternehmen mit aufgebaut hat, werden aufgrund unterschiedlicher Ansichten zum Thema Digitalisierung Konflikte austragen müssen. Unterschiedliche Werte und Lebenseinstellungen werden aufeinanderprallen und die Parteien im schlimmsten Fall spalten, im besten Fall befruchten.

➤ Mit der Leistungssteigerung der Informationstechnologie steigen auch die Kontrollmöglichkeiten der Unternehmensführung. Wer arbeitet wie viel? Welche Produktivität erzielt der Einzelne? Auch hier müssen die Analysetools die richtigen Maßstäbe ansetzen – ansonsten droht hier der nächste Konfliktherd.

➤ Die Nutzung privater Smartphones und Notebooks wird immer mehr zunehmen. Insbesondere im Heimbüro möchte niemand an zwei Geräten gleichzeitig arbeiten. Gerade in diesen Fällen möchte der Mitarbeiter selbst über die IT-Systeme entscheiden, die er tagtäglich nutzt.

➤ Der Personal Computer wird endlich persönlich, wenn Hard- und Software auf die Anforderungen jedes Einzelnen zugeschnitten werden. Nur wenigen Programmierern gelingt es, die Userbrille aufzusetzen und zu erkennen, was in der Praxis unverzichtbar ist, um die von Hardwareseite gelieferte Performancesteigerung auch tatsächlich nutzen zu können. Das größte Manko bei den neuen Technologien: Der Anwender findet im eigenen Unternehmen zu wenig Unterstützung, wenn es darum geht, diese Technologien auch zu nutzen.

In der mobilen Welt werden neue Arbeitsverhältnisse gefragt sein. Freelancer, virtuelle Supporter, werden von Team zu Team und von Unternehmen zu Unternehmen springen. Die Grenzen zwischen Arbeits- und Privatleben werden immer fließender. Das Problem liegt dann bei den Unternehmen. Loyalität und unternehmenseigenes Know-how gehören vermutlich bald der Vergangenheit an, und auch das Thema Employer Branding hat sich früher oder später von selbst erledigt.

Die Grenzen der Leistungsfähigkeit

Computerprozessoren werden immer schneller. Der Mensch kann da auf Dauer nicht mithalten. Der Druck, immer wieder und in immer kürzeren Zeitabständen liefern zu müssen, führt irgendwann zur Vorstufe des Burn-outs. Das ist die Zeit, in der man noch brennt und gleichzeitig im Unterbewusstsein merkt, dass der Nachschub an Brennstoff, an Energie, nicht mehr gewährleistet ist. Das ist der Moment, wo Seele und Antrieb auf Sparflamme und Stand-by schalten. Ob und wann das Burn-out sich dann tatsächlich einstellt, hängt von der Resilienz und Hardiness eines jeden Einzelnen ab. Und natürlich von seinen Entfaltungsmöglichkeiten, denn zufriedene Mitarbeiter schützen sich weitgehend selbst vor einem Burn-out.

Viele definieren Stress als Vorstufe des Burn-outs. Mediziner und Psychologen unterscheiden motivierenden Stress von dem, der krank macht. Wird der Stress der zweiten Kategorie erkannt, ist er Auslöser für mehr oder weniger hilfreiche Tipps. Die Frauenzeitschrift empfiehlt ein regelmäßiges Beruhigungsbad, der Partner rät uns, einen Gang runterzuschalten, und der Arzt ist davon überzeugt, dass nur eine längerfristige Auszeit das Problem beheben kann. Für jeden beginnt Stress auf einem anderen Level. Der eine kriegt schon Magenschmerzen, wenn er nur fünf Minuten zu spät das Büro betritt und sieht, wie der Chef erst ihn und dann seine Armbanduhr betrachtet, ohne ein einziges Wort zu sagen. Der andere arbeitet jahrelang 60 Stunden pro Woche unter einem Choleriker und fühlt sich nach wie vor prächtig. Stress entsteht immer dann, wenn die Dinge nicht so laufen, wie man es sich vorher vorgestellt hat. Und dann ist es plötzlich da, das Burn-out, und die Opfer und alle um sie herum fragen sich, wie es dazu kommen konnte. Man zweifelt mit einem Mal an seiner Lebenskompetenz und hinterfragt die letzten 20 Jahre.

Nach einer einjährigen Auszeit kehrt man zurück in eine veränderte Welt und beginnt ein neues Leben. In den meisten Fällen ein Leben, in dem man nie wieder das alte Leistungsniveau erreicht. Für ein Unternehmen bedeutet das: Der Mitarbeiter ist für den Rest seines Arbeitslebens deutlich weniger belastbar und leistungsfähig. Das Burn-out wird sich für immer in seinen Kopf einbrennen. Eine menschliche Tragödie, und aus unternehmerischer Sicht ein langfristiges Verlustgeschäft. Die Grenzen zwischen Depression und Burn-out sind fließend, doch ganz egal, welches Etikett man dem spezifischen Problem verpasst: Jedes Jahr kostet es die europäische Volkswirtschaft 100 Milliarden Euro, und wir alle gemeinsam tragen die Kosten. Das Arbeitsumfeld und der dort erzeugte Leistungsdruck wurden bereits als Hauptverursacher des Burn-outs identifiziert. Der Löwenanteil der Kosten lässt sich folglich einsparen, wenn Unternehmen Programme einführen, die dafür sorgen, dass ein sich ankündigendes Burn-out erkannt wird und rechtzeitig Gegenmaßnahmen ergriffen werden. Das wiederum setzt voraus, dass Betroffene sich frühzeitig ihrem Problem stellen, das sonst früher oder später zum Problem des Unternehmens wird.

Ein Hoch auf die Familie

Egal, wie viel Enthusiasmus und Weltveränderungsbegierde der »Digital Native« in Zeiten privater Unabhängigkeit mitbringt: Sobald eine Familie zu Hause wartet, ändert sich seine Welt – und mit ihr ändern sich seine Prioritäten. Sein Wortschatz bereichert sich um Begriffe wie »Elternzeit« und »Homeoffice«, und er freut sich, wenn er einen Arbeitgeber hat, zu dessen Wortschatz Begriffe wie »Empathie«, »Einfühlungsvermögen« und »Verständnis« gehören. Hier sind – wie das seit Jahrzehnten bereits junge Mütter einfordern – neue Arbeitszeitgestaltungen gefragt. Wieso kann in einer fortschrittlichen Welt wie unserer nicht jeder selbst entscheiden, wann und wo er arbeitet? Warum pochen Gewerkschaften auf Arbeitszeitmodellen aus einer längst vergangenen Zeit? Die deutsche Wirtschaft hat es bereits schwer genug, sich auf dem Weltmarkt gegen die immer stärker werdende Konkurrenz durchzusetzen und zu behaupten. Diese künstlich erzeugten Hindernisse werden zu unüberwindlichen Barrieren. Und wenn eines Tages die internationale Konkurrenz siegt, wird die Gewerkschaft die Schuldigen im Management identifizieren. Das Wort »Miteinander« muss sich auch auf dieser Ebene neu definieren, wenn wir im globalen Wettbewerb dauerhaft bestehen möchten. Ob sie es selbst glauben oder nicht: Auch Gewerkschaften können Mitarbeiter sein.

Familiengründungen galten früher bei Frauen als Produktivitätskiller Nummer eins. Alle wollten plötzlich nur noch vormittags arbeiten, wenn das Kind bei der Tagesmutter, in der Krippe, im Kindergarten oder in der Schule »geparkt« war. Eine Erkältung des Kindes am Morgen sorgte in der Regel dafür, dass der Rest der Unternehmenswoche neu geplant werden musste. Projekte mussten auf Pause geschaltet werden und kamen erst deutlich später als geplant zum Abschluss. Und wenn alle Vormittagsstellen besetzt waren, fühlten sich die, die noch vor der Tür warteten, vehement benachteiligt. Ein ständig schwelender Konfliktherd trug dazu bei, die Leistungsfähigkeit des Unternehmens zu schwächen. Heute, im digitalen Zeitalter, gibt es einfache Lösungen, die die Produktivität wieder auf das alte Level heben. Im Homeoffice beispielsweise hat man Kind und Arbeit unter einem Dach. Ist das Kind versorgt, kann man guten Gewissens und deshalb mit maximal möglicher Konzentration deutlich produktiver arbeiten als im Unternehmen, wo die Ungewissheit über das Wohlbefinden des Nachwuchses die Gedanken ständig auf Reisen schickt. Wer zu Hause arbeitet, hat zudem ein gesteigertes Maß an Selbstverantwortung. Die Herausforderung, Probleme in erster Linie allein – ohne direkten persönlichen Kontakt zu den Kollegen – meistern zu müssen, ist deshalb nach meiner Meinung durchaus als zusätzlicher Motivationsfaktor zu bewerten.

Unkonventionell gewinnt

Wer glaubt, dass er der optimale Bewerber für einen bestimmten Job ist, muss ungewöhnliche Wege gehen. Wie Tristan Walker. Oder wie Stefan Schmidt. Stefan aus Frankfurt hatte einen guten Job im Marketing eines angesehenen mittelständischen Unternehmens. Zwar nur in der zweiten Garde, aber dafür mit einer guten Portion Eigenverantwortung, die ihn über Jahre zufriedenstellte. Doch auch er war eines Tages bereit für eine Veränderung. Die Gelegenheit bot sich, als seine Exfreundin Claudia, selbstständige Personalberaterin, einen Global Player mit Kandidaten für die Leitung der Marketingabteilung versorgen sollte. Kurzerhand setzte sie ihn auf die Liste. Der Fuß war in der Tür.

Der angebotene Job war ein Traum, den Stefan nie zu träumen gewagt hatte. Die Fahrzeit zum Arbeitsplatz würde sich um 50 Prozent verringern, während sich das Gehalt nahezu verdoppelte. Und das Firmenfahrzeug, das das »Rundum-sorglos-Paket« abrundete, kannte er nur aus der Werbung. Doch es gab eine unüberwindliche Hürde, und die offenbarte sich beim Vorstellungstermin, als seine gesamte Familie noch im Taumel der Vorfreude auf dem Tisch tanzte. Dort saß er in einem riesigen Besprechungsraum mit rund 30 Mitbewerbern aus dem In- und Ausland. Niemals hatte er sich einsamer und verlorener gefühlt. Er war bereit, diese Lektion als Lehrstunde in Sachen Selbstbewertung zu akzeptieren, und konzentrierte sich auf die Worte des Vorstands und des Personalchefs, die sich über eine Stunde die Bälle zuspielten. Eine PowerPoint-Präsentation informierte über die neuen Ziele des Unternehmens, das sich auf dem Weltmarkt mit einer neuen Produktsparte positionieren wollte. Ein Angriff auf Platzhirsche war zu planen und auszuführen. Details wurden nicht verraten, aber extrem viel Spannung erzeugt. Stefan konnte das Feuerwerk und die Champagnerkorken in den anderen 30 Köpfen hören.

Beim anschließenden Small Talk bei erlesenen Häppchen tauschten sich die Bewerber aus, und natürlich flossen die Qualifikationen und die Namen der aktuellen Arbeitgeber wie zufällig in die Gespräche ein. Stefan war tief beeindruckt von der geballten Kompetenz und beschloss, sich auf dem Rückweg nach Hause eine Lupe zu kaufen, um seine Chancen noch zu erkennen. Nach einer kurzen Zusammenfassung des Vorstands wurde die Gruppe verabschiedet mit dem Hinweis, dass man eine E-Mail mit einem persönlichen Gesprächstermin erhalten werde.

Als Stefan die Auffahrt zu seinem Häuschen hinauffuhr, hörte er einen Delfin um Hilfe rufen. Es war der Klingelton seines Smartphones, der eine eingehende E-Mail signalisierte. Es kam schlimmer als befürchtet. Der Assistent der Geschäftsführung hatte ihn ans Ende der Bewerberschlange gesetzt. Er musste zwölf Tage ausharren, bevor er mit seinem alten Leben fortfahren konnte. Gut, dass er sich zwei Wochen freigenommen hatte. So war er zumindest auf der Arbeit nicht abgelenkt. Er stieg aus dem Auto, warf die Tür zu und dachte: Verdammt, du hast die Lupe vergessen.

Am nächsten Tag feierte er in aller Seelenruhe seinen 40. Geburtstag. Bei der Gartenparty waren Familie und Freunde versammelt, und als Claudia beim Prosecco nach dem Ergebnis des Bewerbungsgesprächs fragte, sprudelte alles aus ihm heraus – und am Ende auch die Einsicht, dass es vielleicht gar nicht so schlecht wäre, im Leben einige Träume auch weiterhin träumen zu dürfen. »Willst du diesen Job haben? Um alles in der Welt?«, fragte seine Freundin. »Ja, natürlich will ich ihn«, entgegnete Stefan, »aber wie soll ich das anstellen? Ich weiß, ich bin gut, aber vielleicht auch nicht gut genug. Ist es nicht vorbildlich, wenn man seine Grenzen kennt?« Claudia runzelte die Stirn: »Ich kenne dich seit über 20 Jahren. Glaub mir, du bist gut genug. Sonst hätte ich dich nicht auf die Liste gesetzt. In Ordnung: Ich bringe dich rein. Dein Job ist es, drinzubleiben.«

Ein Netzwerk nahm nun Gestalt an: Claudia vermittelte Stefan den Kontakt zu ihrem Freund Christian, einem selbstständigen Präsentationsexperten. Via Skype nahm Stefan noch am gleichen Abend Kontakt zu ihm auf und erzählte erneut die ganze Geschichte.

Christian nickte und fragte: »Bist du präsentationssicher? Beherrschst du die freie Rede vor Publikum?«

Diesmal nickte Stefan: »Ja, ich habe schon ein paar Vorträge vor Mitarbeitern und Kunden gehalten. Das sollte ich hinkriegen.«

»Dann schick mir alle Informationen über dich und deinen neuen Arbeitgeber. Außerdem musst du mir die PowerPoint-Präsentation aus der Bewerberrunde aufzeichnen. Bilder, Worte, alles, woran du dich erinnerst. Je detaillierter deine Erinnerung, desto besser. Ich werde diese Präsentation als Basis für deine Bewerbungspräsentation verwenden und eine direkte Antwort darauf liefern. Ich schicke dir nächste Woche ein PDF und das dazugehörige Manuskript. Lern es auswendig, aber nutze es auch in Papierform. So kannst du eventuelle Hänger meistern. Ich liefere natürlich auch die Erinnerungsanker.«

Stefan war skeptisch: »Und das soll klappen?«

»Ich kenne die Präsentation des Personalchefs noch nicht, aber deine Präsentation wird garantiert um Klassen besser. Damit beweist du, dass du um Klassen besser bist als der Marketingexperte, der dem Vorstand die Präsentation erstellt hat, die ja schließlich Topleute begeistern sollte.«

Das leuchtete Stefan ein, doch er suchte Bestätigung. »Hast du so etwas schon einmal gemacht?«

»Rund zwei Dutzend Mal. Der Erfolgsquotient bestimmt leider auch den Preis für meine Leistung.« *Ein Lächeln huschte über Christians Gesicht, bevor er fortfuhr.* »Weißt du, alle Firmen nutzen Marketing und Werbung, einige vielleicht sogar echtes Storytelling. Und ganz besonders natürlich die Leute, die in Marketing- und Werbeabteilungen sitzen. Aber niemand kommt auf die Idee, das auch für die Jobsuche oder die Mitarbeitersuche einzusetzen. Seit 100 Jahren schreiben die Leute Bewerbungen in Word und heften sie mit ihrem tabellarischen Lebenslauf in eine 40-Cent-Mappe aus dem Supermarkt. In der Hoffnung, dass sich irgendetwas unter der Rubrik *Hobbys* zufällig mit den privaten Interessen des Personalchefs deckt.« *Er schüttelte den Kopf, bevor er fortfuhr:* »Jeder weiß doch genau, wie sehr er selbst auf außergewöhnliche Ideen reagiert. Aber kaum jemand ist bereit, sich hinzusetzen und selbst Ideen zu entwickeln, neue Dinge auszuprobieren. Vielleicht aus Angst, gerade damit zu scheitern. Warum regiert in Bewerbungsgesprächen das Lampenfieber? Warum entstehen Fluchtreflexe? Weil man die Fragen nicht kennt, die gestellt werden, die ja auch immer verrückter werden. Man ist nervös und muss gleichzeitig spontan sein. Eine Konstellation von Fähigkeiten, die später im Job überhaupt nicht gefragt ist; ein Zustand, den man sogar zu vermeiden sucht, denn im Job geht es um Ziele, und die erfordern Planung und Vorbereitung, keine Spontaneität. Kaum jemand versucht, das Heft selbst in die Hand zu nehmen, den Spieß umzudrehen. Wer allerdings sein Notebook aufklappt und eine Präsentation ankündigt, liefert als Erster. Dann muss sich sein Gegenüber erst einmal mit dem Gelieferten auseinandersetzen, er muss reagieren, bevor er seine eigenen Fragen stellt. Wenn er sie dann überhaupt noch stellt. Schließlich hast du soeben eine mehr als überzeugende Arbeitsprobe abgeliefert, denn eine Präsentation ist ein Marketingwerkzeug.«

Den Rest der Geschichte können Sie sich denken. Stefan begeisterte seinen neuen Vorgesetzten und ließ die Crème de la crème weit hinter sich. Damit hat er bewiesen, was offensichtlich war: Verblüffung funktioniert in beide Richtungen. Stellt sich am Ende für Sie und mich die berechtigte Frage: Wenn Personalchefs und Gründer auf Verblüffung positiv reagieren, warum erzeugen sie sie nicht selbst, wenn sie Bewerber überzeugen sollen?

Ziele rechtfertigen die Mittel

Wer sein Ziel unbedingt erreichen möchte, darf in der Wahl der Mittel manchmal nicht wählerisch sein. Unterstützung von außen ist erlaubt. Erinnern Sie sich an das Google-Rätsel aus Kapitel 1? Hier noch einmal zum Mitschreiben: »{the first 10-digit prime in consecutive digits of e}.com«. Wer garantiert Google, dass der Bewerber, der die Stelle erhalten hat, nicht seinen Onkel, den Mathematikprofessor, um Unterstützung gebeten hat? Die meisten Dinge, die wir von Unternehmen und ihren Produkten und Dienstleistungen zu wissen glauben, stammen nicht von den Unternehmen selbst – sie entstehen in den Köpfen von externen Werbeagenturen. Schreiben Angela Merkel und Barack Obama ihre Regierungserklärungen und alle anderen Reden abends bei einem Glas Rotwein? Wie viele Sängerinnen und Sänger sind auch gleichzeitig Songwriter und Produzenten? Das Beste erreichen: Alles ist erlaubt, wenn am Ende alle gewinnen. Wir wollen nun einmal unterhalten, begeistert und überzeugt (oder mit einem anderen Wort: beeinflusst) werden, und deshalb sind diese Mittel legitim.

Was Mitarbeiter wirklich wollen

Beginnen wir mit dem, was Mitarbeiter nicht wollen – denn dann wissen wir gleichzeitig, was sie wollen: Sie wollen nicht wie ihre Vorfahren 50 Jahre lang dasselbe machen. Mag sein, dass Arbeitsverhältnisse in beiderseitigem Einvernehmen unter dem einzigen Aspekt geschlossen werden, dass das Unternehmen eine bestimmte Position besetzen möchte und der Bewerber sich diesbezüglich als Idealbesetzung betrachtet. Mitarbeiter legen aber heute und auch in Zukunft immer höheren Wert auf Flexibilität. Das hat zwar auch ein bisschen mit Egoismus und Eigennutz zu tun, aber im gleichen Atemzug sieht der Mitarbeiter den Nutzen für das Unternehmen. Wird beispielsweise eine neue Stelle intern ausgeschrieben, die nichts mit dem Aufgabenfeld zu tun hat, für das er einst eingestellt wurde, sieht der moderne Mitarbeiter nicht nur die Abwechslung für die persönliche berufliche Laufbahn, sondern auch den Mehrwert, den er seinem Unternehmen in der neuen Position bieten kann. Weil er glaubt, dass er über die geforderten Kompetenzen verfügt. Oder weil er glaubt, dass sein in der alten Position gesammeltes Know-how in der neuen Position neue Blickwinkel erzeugen kann. Flexibilität heißt zuallererst, starre Korsette abzuwerfen – und von denen gibt es auch in modernen Unternehmen noch eine ganze Menge. Solche Korsette sind selbst errichtete Hindernisse auf dem Weg zur maximalen Produktivität, und viele von ihnen basieren auf mangelndem Vertrauen. Neben den Arbeitszeitmodellen, die von der Stempeluhr diktiert werden, sind das zum Beispiel auch die Vergütungsmodelle: Mitarbeiter, die ihre Produktivität und somit ihren Wert kennen, wollen nicht in Gehaltsklassen gepresst, sondern lieber nach Leistung bezahlt werden.

Flexibilität bedeutet aber auch Freiheit. Freiheit, im Unternehmen ein eigenes Netzwerk aufbauen zu können, um die eigenen Skills auf allen Schauplätzen einzubringen, nicht nur in der eigenen Abteilung. Über ein solches Netzwerk kann ein Mitarbeiter seine Leistungen publik machen und zur Bewertung freigeben. Feedback in Form von Anerkennung hilft ihm, schneller in Führungspositionen vorzudringen, wenn er denn von seinen diesbezüglichen Kompetenzen überzeugt ist. Man kann kaum erahnen, wie viel Potenzial früher zu ewigem Winterschlaf verdammt war, weil Korsette Kommunikation unmöglich gemacht haben.

Aufstieg – um jeden Preis

Erfolg kennt nur eine Richtung: den Weg nach oben. Vom Tellerwäscher zum Millionär, gern auch zum Milliardär. »Karriere« ist das Zauberwort, das in Großbuchstaben auf Recruitingplakaten bereits die Azubis in die Unternehmen locken soll, frei nach dem Motto »Bei den anderen musst du immer nur arbeiten – bei uns gibt es den direkten Aufstieg«. Im Supermarkt kann jeder Azubi in wenigen Jahren zum Marktleiter aufsteigen. Aber was sagt eigentlich der 30-jährige Marktleiter zu diesem Versprechen?

Andersrum gilt: Wer wirklich gut ist, möchte das auch an seinem eigenen Titel auf seiner Visitenkarte ablesen können. Hier zeigt sich das Dilemma: Aufstieg bedeutet auch, Führungsaufgaben zu übernehmen. Und längst nicht jeder hat das Zeug zur Führungskraft. Zum Leitwolf muss man auch in freier Wildbahn in erster Linie geboren sein. Feinschliff ist möglich, aber der Wille allein reicht nicht aus. Was viel mehr zählt, ist die Akzeptanz vonseiten des Rudels, der Mitarbeiter – und das sind in der Regel die ehemaligen Kollegen, von denen der eine oder andere bereits seit Langem ebenfalls ein Auge auf den Chefsessel geworfen hat. Ein ähnliches Problem erhält man, wenn man dieser Konstellation ausweichen möchte, indem man Führungskompetenz von außen hereinholt. Dann fühlen sich diejenigen vor den Kopf gestoßen, die dem Job jahrelang das Familienleben geopfert haben.

Und es gibt auch noch ein drittes Problem bei der Besetzung von Führungspositionen. Wer nimmt schon gern den kreativsten und produktivsten Kopf aus einem erfolgreichen Team, um ihn mit Führungsaufgaben zu langweilen? Wer allen Konsequenzen aus dem Weg gehen möchte, muss neue Strukturen organisieren. Flache

Hierarchien sind eine Möglichkeit – und vermutlich auch die beste. Jeder hat die gleichen Rechte und Pflichten, jede Stimme hat dasselbe Gewicht. Oder man signalisiert über das gleiche Gehalt und denselben Firmenwagen: Du bist zwar keine Führungskraft, aber deine Leistung wird genauso honoriert. So ist das nun einmal im Leben: Der eine glänzt durch Autorität, der andere durch Souveränität.

Der Unterschied zwischen Führungskräften und guten Führungskräften

Führungskräfte gab es schon immer. Früher waren es die Sippenführer, die Häuptlinge und die großen Feldherren. Auch heute gibt es sie noch, und wir finden sie mittlerweile überall – in Unternehmen, im Sport, in der Politik und in der Familie. Sie alle haben eins gemeinsam: Wenn sie gut sind, dann fördern sie uns. Sie beeindrucken uns und machen uns stark. Wir schauen zu ihnen auf und fühlen uns wohl und stolz, wenn sie uns eine Aufgabe übertragen. Das alles basiert auf Charisma, Respekt und Vertrauen. Das eine erwächst aus dem anderen. Wir sind bereit, uns führen zu lassen. Und wir sind bereit, uns formen zu lassen. Wer sich gleichzeitig geformt und gefördert fühlt, vervielfacht sein Leistungspotenzial – und übertrifft damit die Erwartungen, die in ihn gesetzt wurden. Wer Stärken und Bedürfnisse seines Teams kennt und die Aufgabenverteilung daran anpasst, kann auch versteckte Potenziale zum Leben erwecken. Gute Führungskräfte holen sich Feedback von ihren Mitarbeitern, gern auch in anonymen Umfragen: Was haltet ihr von mir? Was kann ich besser machen? Da werden Parallelen deutlich. Auch die Führungskräfte in der Politik lassen sich in geheimen Wahlen wieder- oder abwählen.

Wer führt, tut das in der Absicht, andere zum Folgen zu bewegen. Wer bereitwillig folgt, verzichtet auf einen Teil seiner persönlichen Freiheit. Wie oft hat man sich schon gesagt: »Ich hätte zwar einen anderen Lösungsweg bevorzugt, aber ich beuge mich dem Willen des Vorgesetzten. Es wird schon klappen.« Führung bedeutet, andere auf ein Ziel einzuschwören und Argumente zu bringen, die Erfolgsaussichten plausibel machen.

Als Thomas Alva Edison 1890 die Edison General Electric Company gründete, um seine Glühbirnen zu vermarkten, konnte er nicht ahnen, welches gigantische Unternehmen sich daraus entwickeln sollte. Während der deutsche Patentnehmer Emil Rathenau die Allgemeine Elektricitäts-Gesellschaft (AEG) gründete und Deutschland mit Licht versorgte, fusionierte Edisons Firma mit dem Konkurrenten Thomson-Houston Electric Company. General Electric war geboren. Als Jack Welch im April 1981 den Posten des CEO im 100 Jahre alten und mittlerweile mehr als maroden Mischkonzern übernahm, machte ihn das zum Leiter einer 400.000 Mitarbeiter umfassenden Abteilung. Sie alle hofften, dass er den Riesentanker noch vor dem Eisberg abbremsen und das Ruder rumreißen könnte. Der Jahresumsatz lag vor seiner Übernahme bei 27 Milliarden US-Dollar. Als Jack Welch sich 2001 in den Ruhestand verabschiedete, war sein Unternehmen auf 300.000 Mitarbeiter geschrumpft. Der Umsatz stieg allerdings im selben Zeitraum auf unglaubliche 130 Milliarden US-Dollar. Mit 75 Prozent Manpower hatte er den Umsatz also fast verfünffacht. Das Wirtschaftsmagazin *Fortune* wählte ihn nicht nur deshalb im Jahr 1999 zum Manager des Jahrhunderts. Was war sein Erfolgsgeheimnis? Viele behaupten, es war sein kompromissloser Führungsstil, denn er unterschied zwischen Stars und Zitronen, also denen, die belohnt, und denen, die gefeuert werden mussten. Doch wer genauer hinsieht, der erkennt: Jack Welch stellte Mitarbeiter und Kunden in den Vordergrund. Den Großteil seiner Zeit widmete er sich menschlichen Fragen. Er motivierte mit Slogans wie »Change before you have to«. Erfolg machte ihn glücklich, und das zeigte er denjenigen, denen er den Erfolg verdankte: seinen Stars. Er begeisterte seine Mitarbeiter, und die waren von ihm begeistert. Als Sohn eines Eisenbahnschaffners und einer Hausfrau war Jack Welch nicht mit dem goldenen Löffel im Mund geboren. Er war einer von ihnen, und bereits das war für ihn eine nahezu unerschöpfliche Quelle der Motivation.

Führungskräfte mit Verbesserungspotenzial

Außerhalb der Familie gibt es nur sehr wenige Personen, deren Anweisungen wir befolgen, weil wir zu ihnen aufschauen. Die Vorgesetzten im Unternehmen gehören zu diesem kleinen, erlesenen Kreis. Doch auch auf dieser Ebene gibt es Zitronen, und eine Gallup-Umfrage liefert diesbezüglich Zahlen, die erschrecken: Von 7200 befragten Mitarbeitern hatten 50 Prozent schon einmal den Job wegen eines Vorgesetzten gewechselt. Sei es, weil dieser die Lorbeeren für geleistete Arbeit für sich einheimst, selbst verschuldete Fehler auf Untergebene abgewälzt oder gegen ethische Grundsätze des Unternehmens verstoßen hatte. Die Folgen sind immer dieselben: Der Mitarbeiter wählt zuerst den Weg des geringsten Widerstands und macht den allseits gefürchteten Dienst nach Vorschrift. Und wenn sich diese Einstellung auf das gesamte Team ausbreitet, kann man in Bezug auf die Leistungsfähigkeit durchaus von Selbstbeschneidung sprechen. Wer kündigt, um das Problem zu lösen, löst es allerdings nur für sich – doch was ist mit den Kollegen, die man auf dem sinkenden Schiff zurücklässt? Überlässt man sie ihrem Schicksal oder begründet man seinen Schritt gegenüber der Unternehmensführung – in der Hoffnung, im Nachhinein etwas zu ändern? Hätte man diesen Schritt dann nicht auch vor der Kündigung machen können?

Auch Vorgesetzte sind Druck von oben und somit Stress ausgesetzt, und nichts ist leichter, als das Ventil nach unten zu öffnen. Führungskräfte haben allerdings ein höheres Maß an Verantwortung, denn ihre Aufgabe ist es, Mitarbeiter und Prozesse so zu steuern, dass sich der anvisierte Unternehmenserfolg einstellt. Vorgesetzte sollten Stresslöser, nicht Stressauslöser sein. Durch falschen Führungsstil verwandeln sie sich irgendwann in die gefürchteten Mikromanager, die sich über jeden einzelnen Schritt der Mitarbeiter informieren lassen, um Arbeitsprozesse kontrollieren zu können. Damit machen sie deutlich, dass sie nicht genug Vertrauen in die Selbstständigkeit und Leistung des Teams haben, was sich natürlich unmittelbar auf deren persönliche Einstellung auswirkt. Wenn die Mitarbeiter morgens nur noch zur Arbeit erscheinen, um die Kostenstelle personell zu besetzen, müssen Automatismen greifen, die diese Fehler aufdecken und abstellen. Doch auch das sind nach meiner Ansicht Aufgaben von Führungskräften. Man läuft also Gefahr, sich in einen Strudel zu begeben, der die Leistungsfähigkeit abteilungsübergreifend immer weiter nach unten zieht.

Wer seine Mitarbeiter mit Angst statt Motivation, Inspiration und Vertrauen erfüllt, fügt nicht nur ihnen, sondern auch dem Unternehmen erheblichen Schaden zu. Das Problem in den meisten Unternehmen: Solange die Abteilung noch Erfolge verzeichnet, wird die Führungsetage den Führungsstil des Einzelnen nicht kritisieren, geschweige denn überhaupt überprüfen. Solche Führungskräfte haben oftmals das Talent, ihre Kontrollsucht und ihren Narzissmus über lange Zeit gegenüber der Unternehmensführung zu verbergen, manchmal sogar über viele Jahre. Sie katzbuckeln nach oben und treten nach unten. Das Einzige, was für sie letztlich zählt, ist die Selbsterhaltung. Wie gelingt es ihnen, die eigene Position zu festigen und gleichzeitig die eigene Unfähigkeit zu vertuschen? Nichts einfacher als das: Sie geben ihren Mitarbeitern Ziele vor, die nicht erreichbar sind, und schüren gleichzeitig die Missgunst innerhalb des Teams. Sie wiegeln Kollegen gegeneinander auf und bekämpfen Talente – und sie sind nach jahrelanger Übung sehr geschickt in solchen Dingen. Während alle anderen versuchen, in Lernprozessen die fachlichen Fähigkeiten voranzutreiben, schulen sie sich in Destruktivität. Mangelnde Empathie macht es ihnen leicht, Mitarbeiter vor dem Team zu demütigen, indem sie ihren sarkastischen Gefühlen freien Lauf lassen.

Und das Ende vom Lied? Nach und nach rutschen Abteilungen und sogar ganze Unternehmen in die Mittelmäßigkeit ab. Irgendwann erkennt niemand mehr, warum das passiert ist. Man ist mit Mittelmäßigkeit zufrieden, denn »schlecht« ist es ja nicht. Mittelmäßigkeit ist Hängematte und Motivationskiller zugleich. Man greift auf bewährte Prozesse zurück, weil es deutlich bequemer ist, als Neues auszuprobieren und sich dadurch neuen, nicht einschätzbaren Risiken auszusetzen.

Der Arbeitsplatz der Zukunft

Wenn Sie wissen möchten, wie sich die Gestaltung des Arbeitsplatzes und die Mitarbeiterstrukturen in den Unternehmen bereits kurzfristig verändern werden, müssen Sie nur die Ergebnisse der Dell/Intel-Studie »Evolving Workforce« und der Dell/IDC-Studie »Das zukunftsfähige Unternehmen« betrachten und anschließend die Zusammenhänge erkennen und bewerten. Ich habe das für Sie einmal vorbereitet.

Im Zentrum unternehmerischer Leistungsfähigkeit findet sich die IT-Infrastruktur. Planung, Produktionsabläufe, Zeitmanagement und alle anderen Prozesse werden hier zentral gesteuert. Fällt die IT aus, stehen die meisten Produktionen still. Vorbei sind die Zeiten, in denen Unternehmen Komponenten verschiedener Hersteller zu verbinden versuchten. Konvergente IT-Infrastruktur wird künftig vieles einfacher machen, denn der Serverraum ist der einzige Ort im Unternehmen, an dem Diversity eher bremst. Es ist wie bei einem Auto. Wer einen BMW-Motor und ein Porsche-Fahrwerk in einen Mercedes einbaut, muss künftig in drei Werkstätten vorfahren – oder den teuren Spezialisten zu Hilfe rufen, der sich mit diesen drei Systemen auskennt. Die meisten Unternehmen haben dieses Baukastensystem bisher in ihrer IT genutzt, doch künftig werden Hard- und Softwarepakete eines Herstellers den Unternehmen deutlich höhere Nutzwerte bieten. Wenn nicht nur Serverlösungen, sondern auch sowohl Sicherheits- und Analysetools als auch Cloudlösungen und IT-Organisation aus einer Hand geliefert werden, sinken Betriebskosten und Wartungsaufwand, während Produktivität und Ressourcenauslastung steigen. Eine Skalierbarkeit, die blitzschnell auf Marktveränderungen reagiert, rundet die Liste der Vorteile dieses architektonischen Systems ab.

IDC hat in seiner Umfrage die Unternehmen in vier Kategorien der Zukunftsfähigkeit eingeteilt: »Gegenwartsorientiert«, »Zukunftsbewusst«, »Zukunftsorientiert« und »Zukunftsvorreiter«. Die Ergebnisse zeigen, dass eine höhere Positionierung auf dieser Skala in deutlich höheren Werten insbesondere in den Kategorien »Umsatzerlöse«, »Kundenzufriedenheit«, »Mitarbeiterbindung«, »Produktivität« und »Neukundenakquise« resultiert. Wenn man jetzt noch die Selbstauskünfte über die IT-Ausstattung berücksichtigt, erkennt man, dass die Zukunftsvorreiter und die Zukunftsorientierten, die die größten Erfolge feiern, identisch sind mit denen, die den aktuellsten Stand der Technik in ihren Räumen bevorzugen.

Wie verändert die Technologie die Mitarbeiterkultur? Auch hier sind die Zusammenhänge interessant, denn bisher dominierten zwei Arbeitsmodelle: arbeiten im Unternehmen und arbeiten im Homeoffice. Beide Varianten basieren auf festen Kabelverbindungen, sind also mehr Flexibilität als Mobilität. Erst die mobilen Endgeräte sorgen dafür, dass Arbeiten überall möglich ist, denn sie nutzen Funk- und WLAN-Technologie mit immer größeren Bandbreiten. Die nächste Stufe wird bald gezündet: Wireless Charging. Wenn Devices in Coffeeshops oder im Cupholder Ihres Firmenwagens geladen werden, erreichen Mobilität, Produktivität und Erreichbarkeit neue Dimensionen. Und wenn nicht nur Energie, sondern auch Daten in großen Mengen kabellos transportiert werden, wie zum Beispiel zwischen Device und Display, sind wir Zeugen des nächsten großen Schritts. Der technische Ritterschlag ist dann das Head-up-Display, das wir aus dem Auto kennen. Sobald es überallhin projiziert wird und wir die Inhalte mit Swipe- und Pinchgesten bearbeiten können, sind auch die letzten Beschränkungen gefallen.

Wer über Mitarbeiterkultur spricht, muss auch die unterschiedlichen Arbeitsweisen unter die Lupe nehmen. Nahezu jeder fünfte Mitarbeiter eines Unternehmens wird künftig ein sogenannter Meetingspezialist sein und demnach den Großteil seiner Arbeitszeit mobil unterwegs sein, zum größten Teil innerhalb des Firmengebäudes. Er rekrutiert sich in erster Linie aus dem oberen Management, dem Marketing und der IT-Abteilung. Seine Effektivität basiert auf einer funktionierenden IT-Infrastruktur, die Konnektivität in jedem Winkel des Unternehmens gewährleistet. Wenn er Präsentationen vorbereitet, ist er mit einem zweiten Bildschirm um 34 Prozent produktiver. Er benötigt am Arbeitsplatz eine Dockingstation und leistungsfähige Technik. Wenn er Präsentationen durchführt, muss die Kompatibilität seines Notebooks mit allen anderen Devices gewährleistet sein. Die nächste Mitarbeiterkategorie sind die Business-Traveller, also diejenigen, die mehr auf Messen und bei Kunden als im Unternehmen arbeiten. Sie setzen mit Laptop, Tablet und Smartphone naturgemäß noch mehr als alle anderen Mitarbeiter auf Mobilität und freuen sich über robuste Geräte genauso sehr wie über lange Akkulaufzeiten. VPN und Cloud sind für sie unverzichtbar.

Je mehr dieser flexiblen Arbeitsmodelle ein Unternehmen anbietet, desto größer ist der Pool, aus dem sich die Mitarbeiter rekrutieren lassen. Bei all diesen Überlegungen sollte man aber einen nicht vergessen: den Mitarbeiter, der ganz klassisch im Unternehmen seinem »9 to 5«-Job nachgeht. Er freut sich ebenso wie alle anderen über flexible Arbeitsmöglichkeiten und ebensolche Arbeitszeitmodelle. Nehmen wir nur das Heer der »Nur vormittags«-Arbeiter. Für sie alle ist es nicht kosteneffizient, fünfmal pro Woche einen einstündigen Arbeitsweg zu bewältigen, um anschließend vier Stunden vor Ort zu arbeiten. Wenn zwei Mitarbeiter sich ein Büro teilen und je

2,5 Tage arbeiten, wobei der mittlere als Übergabetag gestaltet wird, könnten viele private Probleme gelöst werden. Oder wie wäre es, wenn Halbtagskräfte einige Zeit ganztags arbeiten und somit einen weiteren freien Monat ansparen, damit sie in den Sommerferien den geschlossenen Kindergarten oder die Schulferien kompensieren können, indem sie ihren Kindern zur Verfügung stehen?

Groß ist großartig

Sind Sie nett, aber hässlich? Dann verdienen Sie laut einer Studie aus dem Jahr 1994 zehn Prozent weniger als Ihr gut aussehender Kollege. Auf dieser Studie aufbauend, folgte im Jahr 2002 eine weitere, dieses Mal von Professor Venkataraman Bhaskar vom University College London. Er analysierte 69 Episoden der holländischen TV-Show *Shafted*. Bei dieser Quizvariante musste der am Ende einer Runde führende Spieler einen Gegner benennen, der dann aus dem Spiel ausscheiden musste. Unabhängig von Punktestand, Geschlecht und Alter traf es in den meisten Fällen den Spieler mit der geringsten Attraktivität.

Am Arbeitsplatz ist es nicht anders. Größere und schönere Menschen genießen jede Menge Vorteile, denn sie wirken auf Personaler, Führungskräfte und Entscheider gesünder, intelligenter und vertrauenswürdiger. Wer an den Türstehern der Unternehmen vorbei möchte, muss ihnen als Erstes einmal gefallen. Auf der anderen Seite fühlen sich heute mehr Menschen aufgrund ihrer geringeren Attraktivität diskriminiert als aufgrund ihrer Hautfarbe und Religion. Diese psychologischen Zusammenhänge wirken nicht nur bei der Arbeit selbst, sondern bereits beim Bewerbungsgespräch. Wer da nicht alles gibt, um auf sein Gegenüber attraktiv zu wirken, hat bereits beim Betreten des Raums die ganz große Chance verspielt. Rund 40 Minuten verbringen wir laut Statistik täglich mit Styling. Das Zurechtmachen ist ein kulturübergreifendes Ritual, und wir frönen ihm bereits seit Urzeiten, als die ersten Menschen sich mit Kohlestrichen auf der Haut – den Vorläufern der heutigen Tattoos – hervorheben wollten.

Nichts ist schöner als natürliche Schönheit. Im Jahr 2012 gewann die 18-jährige Britin Florence Colgate den Wettbewerb um das perfekte Gesicht und wurde zur natürlichsten Schönheit des Königreichs gekrönt. Doch was genau ist perfekte Schönheit? Dr. Stephen Marquardt, Mund-, Kiefer- und Gesichtschirurg vom Ronald Reagan UCLA Medical Center in Los Angeles, hat versucht, es mathematisch zu beweisen. Er behauptet: Schönheit kann gemessen werden. Auf seiner Website www.beautyanalysis.com können Sie tiefer in seine Thesen eintauchen. Wir möchten uns an dieser Stelle auf seine langjährigen Studien beschränken, denn die sind mehr als spannend. Unzähligen Testpersonen aus der ganzen Welt hat er 18 Porträts von jungen Frauen – von hübsch bis grässlich entstellt – präsentiert, die die Probanden in eine Reihenfolge von »schön« bis »hässlich« sortieren sollten. Unabhängig von kulturellen und ethnischen Hintergründen der Testpersonen gab es ein erstaunliches Ergebnis: 97 Prozent von ihnen hatten exakt die gleiche Reihenfolge gewählt.

Seit es Schönheitschirurgie gibt, gehört sie zu den lukrativsten Geschäftsfeldern der Medizin. Bis wir uns unser Gesicht und unsere Größe selbst aussuchen können, werden noch viele schöne oder hässliche Jahre vergehen, aber bis dahin gilt: Schönheit und Größe gewinnt, Fettleibigkeit und Co. verlieren. Wie weit dieses Gesetz greift, wissen wir nicht erst seit 2008. Bei der Eröffnungszeremonie der Olympischen Spiele in Peking rührte die süße neunjährige Lin Miaoke das Publikum weltweit zu Tränen, als sie vor der chinesischen Flagge die »Ode an das Mutterland« zum Besten gab. Hinterher stellte sich heraus, dass sie nur lippensynchron zur Stimme von Yang Peiyi sang, die von den Organisatoren als nicht niedlich genug eingestuft und kurzerhand ersetzt wurde. Begründung: Es läge im nationalen Interesse, in solch einem Moment Perfektion zu beweisen.

Was lernen wir daraus? Wer bei einer Bewerbung nicht mit natürlicher Schönheit punkten kann, muss versuchen, seine äußeren Defizite wettzumachen. Aufwendiges Styling ist das Erste, was den meisten dazu einfällt. Doch es gibt noch mehr Dinge, die beim ersten Eindruck nicht unterschätzt werden sollten. So zum Beispiel der richtige Händedruck. Er signalisiert, ob Sie ein Macher oder eben keiner sind. Studien belegen sogar, dass Ihre Chancen steigen, wenn Ihre Hand dabei warm ist, und empfehlen, diese vorher an einer Tasse mit heißem Kaffee auf Temperatur zu bringen. Stellen Sie sich selbst auf den Prüfstand und entdecken Sie Schokoladenseiten, von denen Sie noch gar nicht wussten, dass Sie sie haben.

Lebenslänglich lernen

Waren die Lernphasen früher Zeiteinheiten außerhalb des Tagesgeschehens, ist Lernen heute ein Teil des Workflows. Wer Informationen benötigt, nutzt das Wissen der Community. Irgendein Device ist immer zur Hand, um sich unverzüglich mit dem Netz zu verbinden. Wir tippen die Frage ein und erhalten nach kurzer Suche die Antwort. Sprachassistenten wie Siri nehmen uns sogar auch diesen manuellen Arbeitsschritt ab. Lernen erzeugt Know-how, und Know-how ist der Goldvorrat eines jeden Unternehmens. Wer diesen Vorrat erweitern möchte, darf niemals stillstehen. Wer früher lernen wollte/sollte/musste, ging auf einen Lehrgang oder kaufte sich ein Fachbuch. Das Thema Fortbildung war zwar auch aus Unternehmenssicht immer schon wichtig, aber die Möglichkeiten waren früher doch eher begrenzt. Heute leben wir in der neuen Welt, die uns ein unerschöpfliches Wissen über unzählige Kanäle zur Verfügung stellt. Und jeder Einzelne hat die Möglichkeit, »Sharing Knowledge« zu betreiben – über Xing oder LinkedIn, über den eigenen

WordPress-Blog oder via Facebook. Wer im Büro entdeckt hat, wie man den Papierstau beim Drucker künftig vermeiden kann, nimmt mit seinem Smartphone ein Video auf und postet es auf allen Kanälen. Was uns heute in Sachen neue Medien in Fleisch und Blut übergegangen ist, war vor zehn Jahren noch unmöglich. Das Internet der Dinge ist so weit fortgeschritten, dass wir es gar nicht mehr bewusst wahrnehmen, weil unsere ganze Konzentration dem Datenschutz gewidmet ist. Wir wehren uns so lange gegen die Weiterreichung von persönlichen Daten, bis wir irgendwann erkennen, dass der Nutzen größer ist als der Schaden. Technologien und ihre Nebenwirkungen haben den Menschen schon immer Angst gemacht. Glauben Sie mir: Auch in diesem Fall wird die Zeit die Wunden heilen.

Lernen müssen wir alle noch eine ganze Menge in Bezug auf Digitalisierung. Digitalisierung ist Fortschritt, und Fortschritt hat immer auch Gegner, die sich gegen jedwede Veränderung versperren. Sie lieben nur das Hier und Jetzt. Sie sehen mehr Gefahren als Gewinne, doch die Geschichte hat bewiesen, dass der Fortschritt unaufhaltsam ist und am Ende immer gewinnt. Irgendwann werden Widerstände gebrochen, und auch die letzten Pessimisten müssen erkennen, dass sie mit dem Neuen leben müssen, wenn sie nicht selbst in der Bedeutungslosigkeit versinken wollen. So wie sich früher die Büroschreibkräfte gegen den Computer auf dem Schreibtisch gewehrt haben – die elektrische Kugelkopfschreibmaschine war ihnen Fortschritt genug –, so wehren sich heute die Menschen gegen die Cloud. Sie glauben, dass ihre Daten dort nicht sicher sind und dass dort, wo Missbrauch möglich ist, auch immer Missbrauch stattfinden wird. Diese Kritiker übersehen dabei allerdings zwei wesentliche Fakten: Erstens laden sie selbst ihre empfindlichen Daten in die Cloud hoch, und zweitens sind sie zu einem bedeutenden Teil identisch mit den Leuten, die sich in den sozialen Netzwerken tummeln, den größten Clouddiensten überhaupt. Facebook mit 1,3 Milliarden Cloudfans führt die Liste an; Google wird Monat für Monat von 1,3 Milliarden Suchenden genutzt, und YouTube bedient ebenfalls mehr als eine

Milliarde Nutzer. Instagram und Twitter mit 400 beziehungsweise 300 Millionen Usern sind in der Statistik auch nicht zu vernachlässigen. Und wenn wir weitersuchen, entdecken wir Tausende weiterer cloudbasierter Services – die vielen Lernplattformen sind nur einige davon. Alles, was wir brauchen, um diese Dienste zu nutzen, ist ein Browser und ein Internetanschluss – und in wenigen Fällen eine Kreditkarte. Überall veröffentlichen wir wie selbstverständlich unsere Daten, doch wenn wir gefragt werden, wie wir zum Thema Datensicherheit stehen, hat der Serverstandort Deutschland für uns eine blutdrucksenkende Nebenwirkung. Dabei ist es doch ganz einfach: Hackern sind Serverstandorte und Grenzen ziemlich egal, und wer einen Kunden für seinen Clouddienst gewinnen möchte, muss die Hacker fernhalten. Maximal mögliche Sicherheit verspricht uns jeder Dienstleister – ob er sich an sein Versprechen hält, können wir nicht beeinflussen. Doch Sicherheit an sich können wir sehr wohl beeinflussen. Wenn sich nämlich herausstellt, dass »123456« und »password« zu den beliebtesten Passwörtern weltweit zählen, kann man über das Surfverhalten mancher User nur den Kopf schütteln. Zugegeben: Sicherheit wird zweifelsohne die größte Herausforderung der Zukunft sein. Denken wir nur an die 50 Milliarden Geräte, die nach Schätzung von Cisco in spätestens fünf Jahren online sein werden (und damit sind keine Computer, Tablets oder Smartphones gemeint). Das Internet der Dinge wird schneller wachsen, als wir heute ahnen. Zu diesen Dingen gehören auch die unzähligen Kameras, die unsere Bewegungen Schritt für Schritt aufzeichnen. Wenn Haushaltsgeräte irgendwann serienmäßig mit dem Netz verbunden sind, tauschen wir unsere Haustür gegen einen Duschvorhang. Dann müssen Alternativen gefunden werden, denn mit den aktuellen Sicherheitsstufen lässt sich das alles nicht mehr kontrollieren. Die IT steht dann vor der Herausforderung, die IT selbst in den Griff zu bekommen. Bezüglich der Gefahren durch Hacker und Fisher können wir guter Hoffnung sein, denn auch das beweist die Geschichte tausendfach: Es erfordert weitaus mehr Intelligenz, Know-how und Kreativität, neue Dinge zu erschaffen, als sie zu zerstören. Es bleibt spannend.

Was denkt Daniel?

»Ich habe noch privaten Kontakt zu Alexander, der in seiner Selbstständigkeit geradezu aufblüht. Er hat zwar keine Arbeitskollegen, generiert aber immer neue Kontakte in seinem Netzwerk und auf Kundenseite. Ins Homeoffice wird man mich allerdings nicht verpflanzen können. Ich möchte mein soziales Umfeld außerhalb der Familie nicht aufgeben, denn lose soziale Kontakte wie in einem Netzwerk reichen mir persönlich nicht aus. Und ich kann mir außerdem nicht vorstellen, wie man durch die Ablenkung, die das Arbeiten unter einem Dach mit der Familie bringt, überhaupt noch konzentriert Leistung erbringen kann.

Die Studie von Dell und Intel hat mir interessante Informationen vermittelt, über die ich vorher noch gar nicht nachgedacht habe. Wer seinen Mitarbeitern das Arbeiten im Homeoffice anbietet, beweist im Gegensatz zu früher ein deutlich gesteigertes Maß an Vertrauen. Digitalisierung macht das mobile Arbeiten möglich, aber inwieweit die Digitalisierung dieses Vertrauen zu verantworten hat, kann ich nicht beurteilen.

Was viele Kollegen zu bedenken geben, die diese Arbeitsform nutzen, ist die latente Gefahr der Selbstausbeutung. Einige sehen das Arbeiten daheim als Belohnung und Vertrauensvorschuss und wollen im Gegenzug dieses Vertrauen rechtfertigen und umso mehr zurückgeben. Ich habe mal gelesen, dass deshalb bei Volkswagen am Freitag ab 20 Uhr die Mailserver abgeschaltet wurden, um die Mitarbeiter im Homeoffice in den Erholungsmodus zu zwingen. Die haben dann natürlich die E-Mails auf dem privaten Account geschrieben.

Bei uns würde ich mich über einen Versuch freuen, flachere Hierarchien einzuführen. Dem könnte man in einzelnen Abteilungen als Experiment eine Chance geben und schauen, wie sich das entwickelt. Wenn es klappt, könnte man es auf der nächsthöheren Stufe versuchen. Da muss man dann Grenzen ausloten: Wo funktioniert es noch, wo funktioniert es nicht mehr?

Ich glaube, in Sachen Digitalisierung sind sich alle einig. Wenn die Technologie neue Möglichkeiten bietet, Aufgaben effizienter und schneller zu erledigen, sollte man das einführen. Man muss sich immer vor Augen halten, dass der Wettbewerb dieselben Überlegungen anstellt. Und wenn der das einführt, wir aber nicht, hat er ein weiteres Argument, unsere Mitarbeiter für sich zu begeistern. Wenn sie dort die Rahmenbedingungen erhalten, die ihnen hier verweigert werden, dann wird nicht lange überlegt.

Die Beziehung zwischen Mensch und Maschine war schon immer ein Konfliktherd. Mit der Digitalisierung ist das nicht einfacher geworden. Steigende Sucht und Abhängigkeit im Zusammenhang mit dem Internet bringen mich schon zum Grübeln. Auf der einen Seite hat uns die digitale Transformation vieles erleichtert, aber wo man viel Geld verdienen kann, wird auch viel Unfug getrieben. Wie das Internet in den nächsten Jahren noch wachsen wird und welche Potenziale sich für uns privat und in der Arbeitswelt ergeben, können wir uns heute noch gar nicht vorstellen. Das geht ja alles immer schneller. Wäre schon sehr interessant, wenn mal einer einen Blick in die Welt von morgen wagen würde.«

8. Der Arbeitsplatz von morgen

Digital gewinnt – digital verändert:
Ein Tag im Jahr 2026

Welche vier Schlagwörter prägen heute unsere Art zu arbeiten – und noch mehr in der Zukunft? Fragen Sie 100 Experten und Sie erhalten hundert identische Antworten: »Globalisierung«, »Generation Y«, »Technologie« und »Mobilität«. Jeder Experte ist anschließend in der Lage, zu jedem einzelnen dieser Punkte einen einstündigen Vortrag zu halten. Doch wenn man genauer hinschaut, wird eins deutlich: Technologie ist die Essenz, die die anderen drei erst ermöglicht. Die Generation Y ist vieles, aber vor allem eins: technikaffin; Mobilität wächst – und ist überhaupt erst entstanden – aufgrund des technologischen Fortschritts; und Grenzen fallen, weil Technologie sie bezwingt. Weil Reichweite eine ganze Menge mit Freiheit zu tun hat.

Der Arbeitsplatz von morgen ist auch das Unternehmen von morgen. Wandel findet heutzutage nicht mehr im 20-Jahresrhythmus, sondern täglich statt. Doch wer Wandel sagt, meint oftmals das erforderliche Verhalten der anderen. Gewinnen wird allerdings derjenige, der bei sich selbst anfängt und Veränderung auslöst. Neue Trends entstehen schließlich schon heute durch Aktion, nicht durch Reaktion – und erst recht nicht durch Nachahmen, Kopieren und Abkupfern. Eine Idee zu entwickeln, ist schon schwer genug; sie zu perfektionieren, ist noch viel schwieriger. Viele Ideen, die noch gar nicht gedacht worden sind, werden bestimmen, wie wir in Zukunft arbeiten werden. Die gute Nachricht: Alles, was mit Unternehmen, Produkten und Arbeiten zu tun hat, wird auch weiterhin durch den

Markt bestimmt. Die schlechte Nachricht darf ich allerdings auch nicht verheimlichen: Das Problem der Zukunft wird sein, dass die Märkte aufgrund des Internets immer intelligenter werden und diesbezüglich schneller wachsen als die Unternehmen selbst. Neue Märkte entstehen, die neue Dienstleistungen erfordern und neue Arbeitsplätze schaffen. Um mit dem steigenden Tempo mithalten zu können, wird es erforderlich sein, dass Arbeiten zu jeder Zeit und an jedem Ort möglich ist. Effektivität steht dann über allem, und dazu kann nicht nur die Technologie, sondern auch der Mensch selbst beitragen: durch Bereitschaft, Flexibilität und offene (und vor allem deutliche) Kritik an allem, was wegweisende Prozesse behindert. Lassen Sie es mich in knackigen Worten auf den Punkt bringen: Produktivität steigt, wenn Regeln fallen. Regeln sind Hindernisse, die auf dem Standpunkt beruhen, dass Vertrauen zwar gut, Kontrolle aber besser ist. Wer bei jedem Schritt erst überlegen muss, ob dieser dem Regelwerk entspricht, verliert nicht nur Zeit, sondern auch Leidenschaft. Ich bin der festen Überzeugung, dass der digitale Wandel uns zu dieser neuen Form des Denkens zwingen wird.

Was bringt die Zukunft? Welche Jobs werden wir in zehn Jahren erledigen? Lehnen wir uns zurück und lernen wir aus der Geschichte. Die englischen Maschinenstürmer, die vor 200 Jahren die Textilmaschinen zerstörten, weil sie den Verlust ihrer Arbeit und damit ihrer Lebensgrundlage befürchteten, hatten Beweggründe, die heute in unserer Gesellschaft nicht mehr existieren. Den 3-D-Drucker und den Industrieroboter wird garantiert nicht dasselbe Schicksal ereilen, denn noch nie waren wir näher an der Vollbeschäftigung als heute. Die stumpfsinnigen Arbeiten fallen immer mehr weg, weshalb Arbeit immer interessanter und deshalb erfüllender wird. Doch es gibt wie immer zwei Lager. Die Pessimisten glauben daran, dass die Maschinen uns ersetzen werden. Fortschritt bringt sie zum Weinen und sie bringen handfeste Beispiele für ihre Perspektive. 100 neue Jobs hat die Entwicklung des selbstfahrenden Autos produziert – die Arbeitsplätze von 100 Millionen Taxifahrern und Truckern werden auf der Passivseite verbucht. Die Optimisten sehen den Fortschritt und entwickeln Ideen, mit denen man dieses Millionenheer in andere, interessantere Jobs vermittelt, in denen sie mehr Geld verdienen können und in denen sie auch mehr Erfüllung finden. Zeit für Spekulation bleibt noch genügend, doch irgendwann müssen wir uns auch solche Fragen stellen: Wann werden Roboter Häuser bauen und den Maurer und andere Handwerker verdrängen? Wann werden Roboter operieren und hoch qualifizierte Ärzte überflüssig machen, wenn diese durch Überwachungstechniker für Operationsdrohnen ersetzt werden? Wir wissen nicht, wann es so weit sein wird. Diese Zukunft ist vielleicht noch zu fern, um sie sich vorstellen zu können. Aber aus heutiger Sicht sollte ein Blick zehn Jahre in die Zukunft möglich sein. Versuchen wir es einfach einmal.

Dienstag, 18. August 2026, 7.30 Uhr

Der Wecker des Smartphones klingelt heute ausnahmsweise zwei Stunden später. Es wurde spät gestern Abend, und deshalb gönnt Susanne sich heute etwas mehr Schlaf, damit sich ihre Biorhythmus-Uhr die Mahnung sparen kann. Dank Vernetzung sendet das Smartphone seine Befehle heute zwei Stunden später an Kaffeemaschine, Eierkocher und die elektrischen Rollläden. Susanne steht auf, streckt sich und verschwindet im Bad.

In der Küche kümmert sich ihr Mann Jan um das restliche Frühstück. Die Ernährungs-App hat die Menüs zusammengestellt und die für diese Woche benötigten Zutaten bereits am Sonntag liefern lassen. Das 360-Grad-Display über dem Küchentisch stellt alle wichtigen Informationen über das Geschehen im Haus und das im Rest der Welt zur Verfügung.

»Was liegt heute an, Schatz?«, fragt Susanne, als sie sich in die Küche gähnt.

»Bis 12.00 Uhr die Installationspläne für das Bürogebäude in Hamburg fertigstellen. Ab 13.15 Uhr das Projekt in Zürich fortsetzen«, antwortet Siri mit freundlicher Stimme. Susanne ist Architektin und Städteplanerin und seit über fünf Jahren Mitarbeiterin eines gigantischen Frankfurter Baukonzerns, der Projekte in ganz Europa realisiert. Über eine iPro-Onlineplattform verschafft sie sich zusätzliche Aufträge, ausschließlich aus der Schweiz und den Niederlanden, denn mit den dortigen Bauvorschriften ist sie bestens vertraut. Ihr Arbeitgeber unterstützt dieses Prozedere durch flexible Arbeitsverträge, aber in erster Linie durch Einsicht. HR-Manager haben endlich erkannt, dass mehrgleisiges Arbeiten den Blick über den Tellerrand gewährt und Susanne als Teilzeit-Freelancerin bei anderen Auftraggebern Dinge lernt, die das eigene Unternehmen bereichern. Zwei Fliegen mit einer Klappe: externes Know-how, das den eigenen Horizont unmittelbar erweitert und gleichzeitig die Fortbildungskosten langfristig signifikant senkt.

Susanne tritt mit der Kaffeetasse in der Hand auf die Veranda und blinzelt in die Sonne der Toskana. Die Bohnenmischung hatte sie vor zwei Jahren online selbst kreiert, und heute genießt sie sie mit Blick auf die riesigen Lavendelfelder. Eine Aromamischung mit einem Hauch Pfirsich und dunkler Schokolade ist das Geheimnis, mit dem sie Gäste und Kunden begeistert und an sich bindet – und das sie mit einem zwölfstelligen Passwort und einem Stimmenabdruck sichert, denn es soll auf ewig ihr Geheimrezept bleiben. Beeindruckend, was Menschen nicht alles für eine gute Tasse Kaffee tun.

»Guten Morgen. Ich sehe, du bist verfügbar. Schmeckt der Kaffee?« Die markante Stimme ihres Netzwerkpartners Henry lässt Susanne herumfahren. Sie muss jedes Mal lächeln, wenn das Smartphone einen Anruf signalisiert. Irgendwann vor ein paar Jahren hatte ein Start-up die geniale Idee, die Telefonfunktion des Smartphones mit der Stimme des Anrufers zu verknüpfen. Der Anrufer spricht während des Wählvorgangs einen kurzen Satz, der dann als Klingelton auf dem Gerät des Gesprächspartners landet – und sich nach getaner Arbeit von selbst wieder löscht. 30 Minuten nach Anspringen der Kaffeemaschine hatte diese den Privacy-Modus des Smartphones ausgeschaltet. »Selbst gemacht schmeckt fast immer besser«, antwortet Susanne. Mit diesem Befehl nimmt das Smartphone den Anruf an, ohne dass Susanne das Gerät berühren muss, und wiederholt die Worte, damit der Anrufer weiß, dass er auf Sendung ist.

»Klappt das mit heute Mittag?«, fragt Henry höflich.

»Die Pläne sind fertig. Ich muss sie gleich nur noch einmal durch die Prüfprogramme jagen«, gibt Susanne zurück.

Das Unternehmen, in dem Susanne beschäftigt ist, leistet Pionierarbeit. Es beschäftigt rund 24.000 Mitarbeiter in ganz Europa – und ist das erste Unternehmen seiner Größe, das komplett auf einen Unternehmenssitz verzichtet. Es gibt keine Produktion, also benötigt man auch keine Produktionsräume. Und man hat weitergedacht und sich gefragt: Brauchen wir überhaupt noch Büroflächen? Alle Mitarbeiter und alle Abteilungen sind heute miteinander über Ultrahighspeed-Netzwerke miteinander verbunden. Sie arbeiten zu 90 Prozent von zu Hause und zu zehn Prozent in Coworking Spaces und mobil. Das Unternehmen ist längst seine eigene Cloud. Klassische Meetings gibt es folglich auch nicht mehr, denn die wurden längst als Produktivitätskiller Nummer eins entlarvt. Wie war es denn damals? Wer um 11.00 Uhr zu einem Meeting musste, hat ab 10.00 Uhr die Arbeit ruhen lassen, weil die nötige Konzentrationsphase für die nächste Aufgabe gar nicht mehr erreicht werden konnte. Um 10.30 Uhr hat man sich langsam auf den Weg zum Meetingraum gemacht, der sich auf der anderen Seite des Werksgeländes befand. Eine Stunde Meeting inklusive je eine Stunde vorher und nachher macht bei 20 Personen 60 Stunden ohne Produktivität. Die gute, alte E-Mail ist viel fortschrittlicher, denn sie ist deutlich produktiver. Die liest man, wenn die Konzentrationsphasen vorbei sind, wenn die aktuelle Aufgabe erledigt ist.

Natürlich funktioniert das alles nur mit Vertrauen. Mündige Mitarbeiter wussten aber schon vorher: Fernsehen und Faulenzen weitab jeder Kontrolle ist zwar Entspannung pur, aber nur konzentriertes Arbeiten verdient Geld und erhält den eigenen Job. Und gute Arbeit ebnet den persönlichen Weg nach oben. Und »oben« hat heute nichts mehr mit Hierarchien zu tun, sondern nur noch mit Gehaltshöhen. Was will man mehr? Am Ende ist auch erfüllende Arbeit Entspannung pur.

»Prima«, jubelt Henry. »Ich habe mal einen Blick in deinen Onlinekalender geworfen. Ab Montag hättest du wieder Zeiteinheiten frei für das nächste Großprojekt. Können wir das gleich mal durchsprechen?«

»Klar«, nickt Susanne. »Um 12.00 Uhr auf unserer Veranda. Dein Kaffee wartet bereits auf dich.«

»Bin gleich drüben«, verspricht Henry.

Dienstag, 18. August 2026, 12.00 Uhr

Geschafft: die Pläne sind in der Cloud. Die unternehmenseigenen Prüfprogramme geben grünes Licht, und nur zwei Sekunden später signalisiert die Smartwatch den Eingang des vereinbarten Honorars auf Susannes Konto, das sie für zwölf Monate bei einem der unzähligen Internet-Start-ups gebucht hat. Kurz darauf sendet die Smartwatch ein weiteres Signal: die Türkamera hat einen Besucher erkannt und das dazugehörige Bild gesendet. Susanne öffnet Henry die Tür durch ein kurzes Kopfnicken Richtung Kamerasensor.

»Pünktlich wie immer«, lobt Susanne und bietet ihrem Besucher einen Platz auf der Terrasse an.

»Als Reisender zwischen zwei Welten bleibt mir nichts anderes übrig«, erwidert Henry und nimmt auf der Sonnenseite Platz. Henry ist freier Projektkoordinator. Er vermittelt Independent Professionals an einzelne Projekte, die spezielles Know-how erfordern. Er ist so etwas wie ein Eventmanager für Großprojekte in der Baubranche, und mit Susanne hat er bereits ein Dutzend solcher Projekte verwirklicht. »Die erforderlichen Mengen an Stahl und Beton sind von den Programmen bereits bestellt worden und treffen noch heute Abend auf der Baustelle in Hamburg ein. Die Maschinen sind zu morgen früh geleast, dann kann es auch schon losgehen.«

»Perfekt. Dann ist dieses Projekt für uns beide abgeschlossen.« Susanne klopft ihm im Vorbeigehen auf die Schulter und serviert den Kaffee.

»Danke«, erwidert Henry und greift zu Milch und Zucker. »Das nächste Projekt startet kommende Woche. Ich hoffe, dich dafür begeistern zu können. Die Daten und die Zeitpläne habe ich dir soeben in deine Cloud gesendet. Schau doch mal rein, ob das deine Kragenweite ist.«

Susanne greift zum Tablet, checkt die Baubeschreibung und pfeift anerkennend. »Wow, eine komplette Wohnsiedlung in Kassel! Auf jeden Fall eine willkommene Abwechslung zu den letzten fünf Industriebauten. Ich bin dabei.« Mit dem Finger unterschreibt sie den Projektvertrag und nimmt am Tisch Platz.

»In weiser Voraussicht habe ich bereits die Videokonferenz mit den anderen Projektteilnehmern arrangiert«, gesteht Henry und setzt ein diebisches Lächeln auf. »Wir sind in acht Minuten online.«

Mit den Konferenzbrillen loggen sie sich kurz darauf in das virtuelle Meeting ein und besprechen mit den anderen zwölf Experten die Rahmenbedingungen und die Aufgabenverteilung. Weil sämtliche Absprachen mündlich erfolgen, speisen die 14 Kameras eine Videodatei, die in Echtzeit in die Cloudkonten aller Teilnehmer gestreamt wird. Nachdem alle Informationen ausgetauscht sind, übernimmt Henry wieder das Ruder: »Ich habe Ihnen allen einen verifizierten Sicherheitscode zugesendet. Über diesen läuft die gesamte Kommunikationsverschlüsselung dieses Projekts. Jeder von Ihnen ist im Code bereits als Empfänger hinterlegt. Eine ausgehende Nachricht erreicht also alle gleichzeitig. Auf gute Zusammenarbeit!«

Die Abstimmung des Großprojekts nimmt über zwei Stunden in Anspruch. Nach Unterzeichnung der Onlineverträge mit den Partnern verabschiedet Susanne sich von Henry. »Du siehst ja anhand der Projekt-App, wann ich mit der Arbeit beginne. Du kannst dann bereits die nächsten Schritte koordinieren.« Henry nimmt noch ein Croissant vom Tisch, beißt herzhaft hinein und verlässt die Szene mit einem lockeren »Aye, Captain«.

Nach einem späten Mittagessen zieht sich Susanne ins Arbeitszimmer zurück und widmet sich dem Projekt in Zürich. Der dortige Komplex ist ein Experiment eines Investorenkonsortiums, ein neuartiges Einkaufszentrum. In einer Zeit, in der selbst die Lebensmitteleinkäufe online erledigt werden, verwandeln sich Einkaufszentren immer mehr in Geisterstädte. Dieses Einkaufszentrum basiert allerdings auf einer völlig neuen Geschäftsidee. Hier wird all das verkauft, was in Einkaufszentren bisher nicht verkauft wurde. Dazu gehören Dienstleistungen, Ideen und Produkte, die nicht am Fließband entstanden sind. Handyläden, Boutiquen und Markenstores suchen Sie hier vergebens. Hier gibt es etwas, was gerade im Dienstleistungsbereich bis heute nicht zu haben war: Sofortservice. Beratung von Mensch zu Mensch, ohne Warteschleifen. Sie brauchen Hilfe bei Ihrer Website oder der Entwicklung einer App? Willkommen beim Web Developer. Ziehen Sie eine Nummer und wägen Sie ab, ob sich noch ein Kaffee lohnt. Sie brauchen eine Bewertung für eine Geschäftsidee? Willkommen beim Unternehmensberater. Sie brauchen schnell juristischen Rat? Fragen Sie den Anwalt. Sie benötigen eine Lösung für ein besonderes Problem? Der Think Tank hilft weiter. Sie haben ein kniffliges Photoshop-Problem? Bringen Sie Ihre Daten mit, der Experte ist für Sie da. Komplettiert wird das Angebot durch Produkte, die es sonst nirgendwo gibt: Erfindungen in Kleinserie oder neue Produkte, deren Marktakzeptanz ermittelt werden soll. Die Stores und Büros sind in fünf Größenkategorien erhältlich und jeweils modular aufgebaut. Das Mietverhältnis läuft 24 Stunden und verlängert sich um weitere 24 Stunden, wenn nicht gekündigt wird. Flexibilität und Kundenfreundlichkeit haben hier oberste Priorität.

Die nächsten Stunden verbringt Susanne damit, Gebäude, Parkplätze, Nahverkehrsanbindungen und Lieferwege optimal zu positionieren und anzubinden. Um 18.30 Uhr kommt Jan mit den Kindern zurück. »Hallo Schatz«, ruft er über den Flur, »wir haben schon unterwegs gegessen.«

»Na, dann kann's ja losgehen«, erwidert sie. »Seid ihr bereit?« Eine kurze, aber herzliche Begrüßung später streifen sie sich die Sensorenanzüge der Spielekonsole über. Gestern Abend ist es ihnen gelungen, gemeinsam ins feindliche Master-Raumschiff einzudringen. Heute Abend wartet dort der Endgegner auf sie, doch zuerst müssen sie an seiner Cyborg-Leibgarde vorbei. Wahre Intelligenz gegen künstliche Intelligenz: Wer wird diesen Kampf am Ende für sich entscheiden?

Brechen wir den Ausblick hier ab und gönnen wir Susanne ihren wohlverdienten Feierabend. Schauen wir auf die Entwicklung dorthin und versuchen wir herauszufinden, warum dieser Tag im Jahr 2026 so aussehen wird.

»Sharing Knowledge« versus »Isoliertes Wissen«

Man schätzt, dass heute in Deutschland rund zehn Prozent aller mit Fachwissen gesegneten Menschen selbstständig sind. Die Generation Y bringt es in diesem Bereich auf eine Quote von mehr als 25 Prozent. Natürlich ist nicht jeder so erfolgreich wie Susanne, aber der Drang nach Freiheit, Unabhängigkeit und Selbstverantwortung ist bei allen deutlich größer als in sämtlichen Generationen davor. Nur die wenigsten unter ihnen springen direkt von der Uni ins kalte Wasser – die Mehrheit beginnt ganz solide im Angestelltenverhältnis und erkennt irgendwann, dass es sich hier nicht um einen Bund fürs Leben handelt. Gerade in den großen Unternehmen liegt das, wie bereits mehrfach erwähnt, an den Kommunikationsflüssen, die nur eine Richtung kennen: abwärts. Wer sich keine Zeit nimmt, den Ideen der Basis zu lauschen, ekelt irgendwann den einen oder anderen aus dem Unternehmen. Im schlimmsten Fall setzt der ehemalige Mitarbeiter seine Idee tatsächlich um. Und damit hat man sich dann einen weiteren Konkurrenten selbst erschaffen – der zudem noch die anderen Unzufriedenen abwirbt, weil er ihnen eine völlig andere Unternehmenskultur verspricht.

Die meisten Arbeiten, die bereits heutzutage zum großen Teil digital erledigt werden – und das sind eine ganze Menge –, erfordern nur zwei Dinge: einen Laptop und eine schnelle Internetverbindung. Das eine bekommt man im Internet, das andere hoffentlich irgendwann in ganz Deutschland. Eine eher extreme, aber durchaus immer beliebtere Form der Selbstständigkeit eröffnet sich dadurch immer mehr Wissensarbeitern: das Leben der digitalen Nomaden. Das sind längst nicht mehr nur Programmierer, sondern immer mehr auch Fotografen, Grafikdesigner, Übersetzer, Ingenieure und Buchhalter, die die Sonne am Strand und den Regen im Wohnmobil genießen. Ruhe finden sie in Coworking Spaces, absolute Ruhe in Bibliotheken. Der Verzicht auf Luxus und Statussymbole ist ihr Statussymbol, und sie genießen ihr Leben als Businessrebellen in vollen Zügen. Sie stiften heftige Verwirrung bei Anthropologen und Verhaltenspsychologen, denn das Grundbedürfnis des Nestbaus hat für sie nicht mehr den Stellenwert, den es seit Anbeginn der Menschheit hat.

Lassen wir Zahlen sprechen. Im Jahr 1870 waren 80 Prozent aller US-Amerikaner selbstständig. 1980 waren 50 Prozent aller Erwerbsfähigen in Unternehmen mit mehr als 100 Mitarbeitern beschäftigt. Der Trend geht also wieder zur Selbstständigkeit, doch dieses Mal gibt es kein Zurück. Im Jahr 2026 wird die Generation Z die Verbreitung dieser Lebensform signifikant erhöht haben. Je nach Fähigkeit, Lebenssituation und persönlichem Zieldenken wird man sich für das Nomadenleben oder das des sesshaften iPros entscheiden. Unternehmen werden noch härter um die verbleibenden Talente kämpfen müssen, wenn sie sich nicht in die Abhängigkeit derer begeben wollen, die ausgezogen sind und fortan das Vielfache von dem kosten, was sie vorher als Angestellte verdient haben. Die letzte Hoffnung der Unternehmen sind dann diejenigen, die geblieben sind, weil sie geführt werden möchten und die Sicherheit und Geborgenheit eines großen Unternehmens weiterhin schätzen. Unternehmen werden sich öffnen müssen, wenn sie vom Know-how der iPros profitieren möchten. Sie müssen eine Symbiose anbieten, wie Susanne sie vorlebt: ein Arbeitsvertrag mit Freiräumen für selbstständiges Arbeiten – eine Struktur, gegen die sich Unternehmen bis heute erfolgreich gewehrt haben. Wer Mitarbeitern diese neue Form der Freiheit bietet, wird die Besten auch auf Dauer halten können.

Der bereits 1978 von Gifford Pinchot III geprägte Begriff »Intrapreneuring« wird angesichts der bevorstehenden Entwicklung eine völlig neue Bedeutung erhalten. Ursprünglich ging es darum, den Mitarbeiter zu unternehmerischem Denken und Handeln zu erziehen. Eigentlich hatten Mitarbeiter ja schon immer ein gewisses Maß an Eigenverantwortung gefordert, aber nur selten erhalten. Der feine Unterschied zu früher: Heute – und noch mehr in Zukunft – sind sie auch bereit, bei Nichterfüllung der persönlichen Wünsche den

Hut zu nehmen. Im Umkehrschluss heißt das: Unternehmen müssen deutlich mehr als bisher das Denken und Handeln der Mitarbeiter zu ihrer eigenen Richtschnur machen. Hier bekommt das Wort »Wandel« eine ganz neue Bedeutung.

Das Ende des Mitarbeiters – das Ende der Welt

Ein Blick ins Jahr 2026 ist angesichts des Tempos, das die digitale Transformation vorgibt, zweifellos gewagt. Noch gewagter ist ein Blick, der sich noch tiefer in die Zukunft bohrt. Wer heute ins Berufsleben einsteigt, kann sich nicht annähernd vorstellen, wie sein Leben in 40 Jahren aussehen wird. Früher konnten wir aus den Ereignissen der letzten 20 Jahre Schlussfolgerungen ziehen, doch diese Möglichkeit wird uns in Zukunft nicht mehr im selben Maße zur Verfügung stehen.

Ein heiß diskutiertes Thema in diesen Tagen ist die Frage: Wie viele Jobs werden in den nächsten 20 Jahren durch Roboter und Software vernichtet – und wie viele werden auf der anderen Seite neu geschaffen? Optimisten glauben, dass sich das die Waage halten wird, die Pessimisten befürchten gerade für die bildungsfernen Schichten ein Desaster. Lassen Sie mich das Szenario in kleine Häppchen aufteilen, dann werden die Zusammenhänge deutlich.

Beginnen wir mit dem Bildungswesen, denn Bildung ist deutlich mehr als bisher der Schlüssel für das Überleben unserer Gesellschaft und jedes Einzelnen. Bereits die Grundschulen müssen ihre 150 Jahre alten Lehrpläne überdenken. Wir brauchen Fächer, die unsere Kinder auf die neue Form des Lebens vorbereiten. Schauen wir auf die Naturwissenschaften, zum Beispiel auf Mathematik. Mathematische Gesetze ändern sich nicht, und wer auf Lehramt studiert, muss nach dem Examen folglich nicht mehr allzu viel dazulernen. Und im späteren Leben vertrauen wir seit der Erfindung des Taschenrechners sowieso der künstlichen Intelligenz. Viele neue chemische Elemente werden wohl auch nicht mehr entdeckt werden. Warum hören also bereits Lehrer auf zu lernen? Warum bilden sie sich nicht auf anderen Gebieten weiter, um den Schülern noch mehr Qualifikationen mit auf den Weg geben zu können? Auf der nächsten Stufe stehen die Universitäten. Sie müssen ihren Studenten nicht nur das neue Wissen vermitteln, sondern ihnen künftig auch beibringen, wie man effektiv lernt. Denn in Zukunft – da sind wir uns alle einig – wird ständiges Lernen unabdingbar sein. Neues Wissen wird zu schnell veraltet sein, als dass wir uns wie bisher auf Diplomen und Zeugnissen ausruhen könnten. Der Meisterbrief an der Wand, der nach 30 Jahren immer noch Garant für aktuelles Know-how war, wird deutlich an Wert verlieren. Wir versuchen noch heute, unseren Mitarbeitern unternehmerisches Denken beizubringen – in Zukunft wird es darum gehen, Mitarbeiter in echte Unternehmer zu verwandeln. Solche Prozesse müssen innerhalb eines Tages möglich sein, denn Unternehmer erzeugen dringend benötigte Jobs. Das heutige Prozedere, in dem Businesspläne über Wochen und Monate erstellt, bewertet, geändert und beurteilt werden, ist Gift für wirtschaftliches Wachstum. Viele bürokratische Schritte sollte man bereits heute überprüfen, ob sie notwendig sind.

Der nächste Aspekt ist der Blick auf die spezifischen Berufe. Welche werden früh verschwinden, welche haben eine längere Lebenserwartung? Wer die Leistungsfähigkeit von Computern, Software, Robotern und Maschinen danach bewertet, ob sie einen Schach- oder Go-Weltmeister besiegen, denkt ein wenig zu kurzsichtig. Zweifelsohne könnte bereits heute oder vielleicht auch erst im nächsten Jahr ein Google-Fahrzeug jedes Formel-1-Rennen gewinnen. Doch darum geht es gar nicht. Es geht darum zu beweisen, was möglich ist und was zukünftig möglich sein wird, wobei wir nicht wissen, ob die Entwicklung linear oder exponentiell steigen wird. Bad News are good News, und deshalb schüren die Meldungen über die Fortschritte Ängste: *Wer die Weltmeister besiegt, kann uns alle besiegen. Wir*

selbst erschaffen die Kreaturen, die uns eines Tages vernichten werden.
Kein Massenmedium hat uns bis heute die unzähligen Chancen auf-
gezeigt, die sich künftig ergeben werden.

Schauen wir auf Wahrscheinlichkeiten. Was glauben Sie, wer sich
zuerst aus dem Berufsleben verabschieden wird: die kleine, aber feine Elite der Herzchirurgen oder das Millionenheer der Zimmer-
mädchen und Putzfrauen? Nun, ich persönlich glaube nicht, dass
ein Roboter, der etwas auf dem Teppich findet, die Frage »Ist das
Kunst oder kann das weg?« zweifelsfrei beantworten kann. Die Algorithmen verraten ihm aber mit Sicherheit, ob der Kalkpfropf in
der Herzschlagader weg kann oder ob die defekte Herzklappe, deren Zustand der Chefarzt nicht erkannt hat, erneuert werden sollte.

Natürlich werden unzählige bildungsferne Jobs wegfallen, gar keine
Frage. Da gibt es auch nichts schönzureden. Auf der anderen Seite
glaube ich aber auch daran, dass viele neue Jobs von Menschen ausgeführt werden, die keine große Bildung erfahren haben. Auch solche Leute können organisieren, improvisieren und – ganz wichtig,
auch wenn viele es nicht wahrhaben wollen – nachdenken. Nie war
es so leicht wie heute, ohne Bildungsbackground gutes Geld zu verdienen. Beweise erhalten wir täglich, siehe YouTube-Kanäle. Die logische Konsequenz heißt im Umkehrschluss: Hohe Bildung wird
keine Garantie mehr für ein erfolgreiches Leben sein, nicht einmal
eine Jobgarantie. Jeder wird sich in Zukunft selbst vermarkten müssen, und dazu gehört auch, nach zehn Jahren zu erkennen, dass der
zurzeit ausgeübte Beruf bald nicht mehr gefragt sein wird. Dann
muss man rechtzeitig neue Wege finden, neue Berufe, die neues Lernen erfordern. Man wird sich in Zukunft Trends anpassen müssen –
eine Fähigkeit, die bis heute kaum erforderlich war, war das Folgen
von Trends doch bis heute eher ein Akt der Freiwilligkeit.

Wie gehen wir vor? Wenn Uber und Google den Carsharing-Markt
revolutionieren und Taxifahrer und Trucker überflüssig machen,

werden wir höchstens eine Handvoll von ihnen in Programmierer verwandeln können. Jeder Einzelne muss durch Lernen einen Job anvisieren, der eine Stufe höher angesiedelt ist. Die Basis der Pyramide wird wegbrechen, aber wenn die Pyramide nach oben wächst, werden wir vieles auffangen können. Noch vor nicht allzu langer Zeit vertraten viele Menschen die Meinung »Ich will keine Zukunft«. Der Status quo gefiel ihnen, und wenn die nächsten 50 Jahre so bleiben könnten, wären sie die glücklichsten Menschen der Welt. Doch die Welt ändert sich – und bietet nur zwei Möglichkeiten: mitschwimmen oder zurückbleiben. Die Zukunft ist eine mitreißende, und wer sich ihr verweigert, bleibt stehen und wird die Leiter um mindestens eine Sprosse abwärts steigen. Wir sollten stattdessen erkennen, dass unsere Zukunft mehr Zukunft hat als irgendeine Zukunft zuvor. Dank der digitalen Ideen sind die Chancen für alle annähernd gleich, in Nischen Erfolge erzielen zu können, die höhere Umsätze versprechen, als früher in Massenmärkten möglich war.

Es liegt in der Natur der Sache und in der Psychologie des Menschen, dass viele Probleme erst gelöst werden, wenn sie vorliegen, nicht schon dann, wenn sie sich am Horizont abzeichnen. Welcher Virus auch immer die Menschheit bedroht: Erst wenn er sich auf der Welt auszubreiten droht, ruft die Weltgesundheitsorganisation die Forschungsfeuerwehr um Hilfe. Auch wirtschaftliche Probleme brauchen ein Gegenmittel, und wir sind alle aufgefordert, über mögliche Lösungen nachzudenken. Eine interessante Idee ist die des amerikanischen Start-ups TaskRabbit, auf dessen Marktplatz die vielen kleinen Dienstleistungen gehandelt werden, frei nach dem Motto »Nachbarn helfen Nachbarn«. Wer Hilfe beim Umzug oder Geschenkeverpacken sucht, wer keine Lust hat, nach der Party aufzuräumen, der kann via App um ein Angebot bitten, das innerhalb kürzester Zeit auf dem Smartphone landet. Immer mehr Dienstleister und Handwerker machen diese Tätigkeit zum neuen Fulltime-Job. Das normale Leben wird in einem gewissen Rahmen weitergehen, und dort werden sich viele neue Jobs ergeben. Schließlich werden wir in 20 Jahren nicht nur Supercomputer und Raumschiffe bauen, auch unsere Gärten möchten weiterhin liebevoll von Hand gepflegt werden.

Wir müssen bereits heute damit beginnen, unsere Kinder für die Zukunft zu begeistern, nicht für aussterbende Berufe. Natürlich wünschen wir uns für unsere Kinder, dass sie ihren Träumen und Leidenschaften folgen und diese in logischer Konsequenz zum Beruf machen. Wäre es nicht sinnvoll, die Interessen schon frühzeitig in die richtigen Bahnen zu lenken? Wer auf dem Bauernhof aufwächst, mag später Tiere und Landluft. Wer in der digitalen Welt aufwächst, wird sich vielleicht später eher für technische Berufe begeistern. Und genau das ist dringend notwendig. Die Kluft zwischen Angebot und Nachfrage bei Topprogrammierern wird weiterhin wachsen. Werfen wir einfach nur einen Blick ins Silicon Valley. Stanford generiert pro Jahr lediglich 150 Spitzenkräfte, doch Google allein benötigt pro Jahr schon 1000 dieser Güteklasse. Was fehlt, wird von Topuniversitäten weltweit abgeworben. Es gibt diesbezüglich keine Geheimquellen. Selbst der entlegenste Ort, an dem man nach Fachkräften sucht, ist bereits vom Wettbewerb entdeckt worden.

Ein Gesetz wird auch weiterhin gelten: Das Geld bestimmt die Märkte und somit auch den Arbeitsmarkt. Wenn ein Unternehmer einen Menschen durch einen Roboter ersetzen kann, wird er es im Sinne der Gewinnmaximierung tun müssen, denn Produktivitätssteigerung ist sein Job. Und in Zeiten des demografischen Wandels und fehlender Arbeitskräfte sind Unternehmen zur Automation gezwungen, um wettbewerbsfähig zu bleiben. Willkommene Nebenwirkung: Ein Roboter bekommt keine Rückenschmerzen, fordert keine Gehaltserhöhung, wird weder krank noch schwanger und diskutiert nicht über Work-Life-Balance. Die einfachen Handgriffe sind heute für Maschinen kein Problem mehr, und künstliche Intelligenz beschränkt sich nur noch heute auf das Vergleichen von vorgegebenen Mustern mit den ermittelten Daten. Maschinen können Produkte herstellen, und das nahezu ohne menschliche Hilfe – das Siemens-Werk in Amberg, die »digitale Fabrik«, ist ein schönes Beispiel für das, was heute schon möglich ist und was sich in Zukunft immer stärker ausbreiten wird. Im nächsten Schritt folgen die Dienstleistungsbereiche. Wenn die Burger bei McDonald's in der Fertigungslinie eines digitalen Bratautomaten »on demand« zubereitet werden, freut sich der Vorstand genauso wie der Kunde. Nur der Mitarbeiter wird wohl künftig bei Burger King speisen.

Die Grenzen sehen wir alle (noch) bei der echten Intelligenz, denn nicht immer ist eine Entscheidung, die nur auf Daten – nicht auf Emotionen – beruht, auch die richtige. Und überhaupt: Wen will man zur Verantwortung ziehen, wenn ein Computer eine falsche Entscheidung trifft? Ein Computer kann zwar beim Schach die nächsten Züge kalkulieren, aber Szenarien, die zeitlich deutlich weiter in der Zukunft liegen und von den heutigen und kommenden Entscheidungen beeinflusst werden, können von Algorithmen in absehbarer Zeit nicht erfasst werden. Doch selbst wenn im günstigsten Szenario die Hälfte aller Jobs niemals von einem Roboter erledigt werden: Auch diese Mitarbeiter werden mit in den Abgrund gerissen, wenn das Unternehmen Insolvenz anmeldet, weil sich die Hälfte aller Konsumenten die Produkte nicht mehr leisten kann.

Seien wir ehrlich: Bis heute hatten wir das Glück, dass Industrialisierung mehr neue Jobs hervorgebracht hat, als durch sie vernichtet wurden. Das ist aber keinesfalls ein Naturgesetz. Ich sehe allerdings nicht wie viele andere die Politik in der Verantwortung, sondern die Gesellschaft selbst, denn sie muss sich Gedanken über Produkte und Dienstleistungen machen, die Konsumenten gefallen und gleichzeitig viele Jobs erzeugen. Wie wäre es mit einem Ideenwettbewerb, bei dem das Sieger-Start-up mit üppigem Startkapital belohnt wird? Wir brauchen in solchen Wettbewerben keine Idee für den 1000. Kartoffelschäler, der am Ende des Tages einen oder gleich mehrere Designpreise mit nach Hause nimmt. Wir brauchen Ideen für Jobs, die auch von Menschen ohne Hochschulabschluss ausgeübt werden können. Sonst ersticken wir eines Tages in der Diskussion um ein notwendiges Grundeinkommen. Was nützen uns Roboter, die fantastische Produkte mit höchster Präzision und in höchster Qualität herstellen, wenn die Masse fehlt, die sie kaufen kann? Wie viele LED-Fernseher wurden anfangs verkauft, als die Geräte noch für fünfstellige Beträge den Besitzer wechselten? Von den Early Adopters kann sich ein Unternehmen, das dank Automatisierung pro Tag Zehntausende dieser Geräte produzieren kann, keinen Kundenstamm erhalten oder gar aufbauen. Ob Sie 200 oder 200 Millionen potenzielle Kunden haben, ist ein feiner Unterschied. Der nächste Wandel kommt schneller, als wir denken. Nie zuvor hatte er ein solches Ausmaß wie den, den wir erwarten dürfen. Und nie war es folglich so wichtig, auf eine Veränderung vorbereitet zu sein.

Es gibt viele Ideen, wie man bestehende Jobs schützen kann. Hohe Einfuhrzölle sind nur eine davon. Doch mit solchen Schnapsideen betrügen wir uns selbst, denn wir bestrafen die freie Marktwirtschaft, auf der alles, was wir bis heute erreicht haben, basiert. Unser Wirtschaftssystem hat die digitale Welt erst möglich gemacht, sonst wäre die Welt heute ein einziger Arbeiter-und-Bauern-Staat. Der Wirtschaftsgigant China, von dem wir alle vor ein paar Jahrzehnten wirtschaftlich nichts Weltbewegendes erwartet hatten, hat vieles falsch, aber noch mehr richtig gemacht, weshalb nicht nur die führenden Industrienationen Wachstum erzeugen konnten. Wir alle verdienen mit China Milliarden und liefern dafür unsere Produkte und unser Know-how. Alle haben dabei gewonnen. China konnte Millionen von Jobs in der Industrie erzeugen (und ebenso viele Konsumenten), und exportierende Länder wie Deutschland haben ebenfalls personell kräftig aufgestockt. Seit Jahren frage ich Topmanager unserer Maschinenbauer beim Small Talk über ihre Meinung zur drohenden Gefahr aus dem Land der Mitte. Ausnahmslos höre ich seit fast 30 Jahren immer nur ein und dieselbe Meinung: »Die Chinesen sind gut, aber so gut wie wir werden sie niemals werden.

Wir haben nicht nur einen ständigen Wissensvorsprung, der niemals aufgeholt werden kann – die Präzision unserer Produkte ist einmalig, und sie beruht auf unzähligen Patenten. Das bekommen die Chinesen auch in 100 Jahren nicht hin, da können sie auf Messen noch so viel knipsen und kopieren.« Kein Einziger hat sich vermutlich gefragt, bei wie vielen Produkten es heute und in Zukunft auch mit einer 90-prozentigen Qualität funktioniert. Auch Chinesen und Inder können Roboter programmieren, die noch besser und noch billiger produzieren können. Doch was nützt alle Theorie? Das große Problem, das in der Praxis noch vor uns liegt, wird uns alle treffen. Hier kann Diversity endlich beweisen, wozu sie fähig ist.

Nachwort

Über Sieger und Verlierer

Die Zukunft hat begonnen. Der Startschuss fiel an dem Tag im Jahr 1913, an dem Henry Ford auf die Idee kam, die Fließbandmethoden der Schlachthöfe von Chicago in seinem Automobilwerk in Detroit einzuführen. Henry Ford hat sich an unsere These aus Kapitel 1 dieses Buches erinnert: Er hat eine bereits bestehende Idee weitergedacht und sie auf die spezifischen Bedürfnisse seines Unternehmens zugeschnitten und optimiert. Eine neue Idee ist entstanden, die neue Erfolge ermöglicht und die Welt verändert hat.

45 Jahre später saß Berry Gordy an diesem Fließband und baute für 85 Dollar Wochenlohn Sitze in die Lincoln-Baureihe. Der Nachfahre eines Plantagenbesitzers und einer Sklavin hatte sich zunächst als Boxer durchgeschlagen und anschließend in der Army seinen Hauptschulabschluss nachgeholt. Sein Traum, ein Plattenladen für Jazzmusik, platzte bereits kurz nach der Eröffnung wegen beständiger Erfolglosigkeit. So landete er im Alter von 28 Jahren bei Ford, wo er sich die nächsten beiden Jahre tagsüber dem Fließband und abends dem Songwriting widmete. Sein Leben änderte sich an dem Tag, an dem er dem Sänger Jackie Wilson vorgestellt wurde, für den er »Reet Petite« und vier weitere erfolgreiche Songs schrieb – ohne allerdings selbst dafür auch nur annähernd angemessen entlohnt zu werden. Nach zwei weiteren Jahren wusste er: Geld kann in der Musikbranche nur verdient werden, wenn man Musik produziert und mit Künstlern Plattenverträge abschließt. Also gründete er kurzerhand sein eigenes Unternehmen: Motown Records, das innerhalb

kürzester Zeit zum erfolgreichsten schwarzen Musiklabel der Geschichte werden sollte.

Auch Berry Gordy erinnerte sich an Kapitel 1 dieses Buches. Nahezu alle Ideen, die er in seinem Unternehmen umsetzte, hatte er bei Ford kennengelernt und auf die Musik übertragen – und damit eine ganze Branche revolutioniert. Er war zum Beispiel der Erste, der in der Plattenindustrie ein Qualitätsmanagement einführte, denn es wurden nur Songs veröffentlicht, die von seinem Expertengremium freigegeben wurden. Jeder seiner Hits musste zu den aktuellen Top 5 der Charts passen, und Hits produzierte er im wahrsten Sinne des Wortes wie am Fließband: Zwischen 1961 bis 1971 wurden 110 seiner Veröffentlichungen zu Top-10-Hits. Nomen est omen, denn von Beginn an trug sein Tonstudio den Namen »Hitsville U.S.A.«. Es befand sich in seinem Wohnhaus und war rund um die Uhr geöffnet. Künstler, die von einer Tour zurückkehrten, hatten dort nachts Gelegenheit, neues Material aufzunehmen. Auch bei Ford gab es schließlich Nachtschichten – in Tonstudios bisher nicht.

Berry Gordy war für die Musik geboren. Ich glaube, so etwas nennt man Talent. Eines seiner Talente übertraf allerdings seine musikalischen Qualitäten. Er war ein geborener Unternehmer und gleichzeitig eine charismatische Führungskraft, und in dieser Kombination pushte er mit immer neuen Ideen sein Unternehmen nach vorn. Gleich zu Beginn seiner Karriere gründete er neben Motown Records auch die Label Tamla Records und Gordy Records. Damals war es üblich, Bestechungsgelder an Radiosender zu zahlen, die dann bereit waren, einzelne Labels bei der Songauswahl zu bevorzugen. Mit Songs, die über drei Labels verteilt waren, erstickte er diesen Verdacht im Keim – und konnte so die sonst üblichen und hohen Strafzahlungen vermeiden. Ein weiterer Meilenstein: The Funk Brothers. Aus dieser 13-köpfigen Gruppe rekrutierten sich die Studiomusiker, die bei allen Aufnahmen eingesetzt wurden und den legendären Motown Sound begründeten. Künstlerübergreifend wurde so ein hoher Wiedererkennungswert für das Label geschaffen; die Unterscheidung erfolgte allein über die individuellen Stimmen der Interpreten.

Später hatte Berry Gordy die Idee, seine Gruppen neu zu taufen. Zwei Beispiele: Aus den »Miracles«, der Gruppe um Smokey Robinson, wurde »Smokey Robinson & The Miracles«, und »Martha and The Vandellas« hießen ab dato »Martha Reeves & The Vandellas«. Damit kassierte er bei Liveauftritten doppelt ab, denn er bot auf diese Weise einen Solosänger und eine Gruppe – und somit zwei statt einen Performer. So nutzte er auf geschickte Weise eine bestehende Vertragslücke.

Um die zahlungskräftigeren weißen Käuferschichten zu gewinnen, münzte er ein weiteres Prinzip aus dem Marketing der Ford-Werke auf seine Bedürfnisse um: Gib den Kunden, was sie mögen. Weiße mochten Schwarze nicht sonderlich – die offizielle Aufhebung der Rassentrennung ließ noch bis 1964 auf sich warten –, und auch die schwarze Musik litt unter den tief verwurzelten Vorurteilen. Also stylte Berry Gordy seine Künstler, damit sie dem weißen Publikum besser gefielen. Aufwendige Outfits, atemberaubende Choreografien und perfekte Bühnenshows brachten eine völlig neue Qualität ins Musikbusiness, und alle schwarzen Sänger, die nahezu ausschließlich aus den untersten Schichten stammten, mussten ein spezielles Training absolvieren, wo sie lernten, wie man sich in gehobenen Kreisen unterhält, bewegt und benimmt. Sie sollten nach Gordys Vision Botschafter sein und nachfolgenden afroamerikanischen Künstlern den Weg ebnen, und diese Vision hämmerte er – äußerst erfolgreich, wie wir heute wissen – in die Köpfe seiner Künstler.

1957, zwei Jahre vor der Gründung von Motown Records, leitete der Musikmanager Milton Jenkins ein männliches Gesangstrio mit dem Namen »The Primes« (die später unter dem neuen Namen »The

Temptations« berühmt wurden). Kurz darauf gründete die 15-jährige Sängerin Florence Ballard mit drei Freundinnen im Background eine Formation, die Jenkins als Schwestergruppe aufbauen wollte. Kurzerhand taufte er sie »The Primettes«. Der Erfolg dieser Gruppe war, vorsichtig ausgedrückt, mäßig. Eines Tages wurden die jungen Mädchen Berry Gordy vorgestellt, der den Kopf schüttelte und ihnen empfahl, erst einmal die Schule zu beenden. 1961 gab es eine zweite Chance, und aus »The Primettes« wurden kurzerhand »The Supremes«, die bis heute erfolgreichste Vocal Group der Musikgeschichte – und mit zwölf Nummer-eins-Hits bis heute ungeschlagen. 1967 entschloss sich Berry Gordy, Florence Ballard durch die Backgroundsängerin Diana Ross zu ersetzen, deren Karriere bis heute anhält.

Aus der Geschichte lernen …

Positionen optimal besetzen: Mehr braucht es auch in Ihrem Unternehmen nicht, um erfolgreich zu sein. Am Ende ernährt der Erfolg nicht nur das Unternehmen selbst, sondern auch die gut bezahlten Mitarbeiter. Verschließen wir jedoch angesichts solcher Erfolgsstorys nicht die Augen vor der Realität. Die Funk Brothers erhielten pro Kopf in den ersten vier Jahren nur 9,50 Dollar pro Aufnahme. Erst ab 1964 konnten sie den Mindestlohn von 52,50 Dollar durchsetzen. Auch heute, und auch in Deutschland, verdienen viele Menschen – für unsere hohen Maßstäbe zu viele – weit weniger als zehn Euro in der Stunde. Die meisten von ihnen haben eine Familie. Mindestens ebenso viele Menschen sind Leiharbeiter oder erhalten aus anderen Gründen nur Teilzeitverträge – und die meisten von ihnen werden diesem Teufelskreis nicht mehr entrinnen können. Außerdem gibt es noch die Schicksale derer, die mit 50 Jahren bereits als nicht mehr vermittelbar gelten. Viel Stoff für ein weiteres Buch. Auf der anderen Seite existiert die in diesem Buch beschriebene Arbeitswelt, in der Wissensarbeit und ständig steigender Fachkräftemangel die Grundlage bilden.

Die Zukunft ist voller Herausforderungen – aber war sie das nicht schon immer? Am Ende zählt auch im War for Talents nur das, was unterm Strich steht, und auch hier bleibt alles beim Alten. Die Sieger werden wachsen, die Verlierer werden versuchen zu retten, was zu retten ist, und irgendwann in der Bedeutungslosigkeit oder – noch wahrscheinlicher – komplett vom Markt verschwinden. Wer sich die Überlebensregeln auf seine To-do-Liste setzt und diese Regeln auch tatsächlich umsetzt, ist gut gerüstet. Bei der Umsetzung kommt es nicht nur darauf an, sich an unseren Fallbeispielen zu orientieren und aus ihnen zu lernen. Wichtig ist, dass man daraus eigene Ideen entwickelt, die zur Unternehmenskultur passen, denn Pionierarbeit wird auch von Mitarbeitern belohnt.

Auch wenn Teams immer mehr Eigenverantwortung übernehmen und flache Hierarchien entstehen: Gute Führungskräfte werden auch weiterhin das Zünglein an der Waage sein. Allerdings gilt in der Zukunft mehr denn je der Leitsatz »Die ›Kraft‹ in Führungskraft entsteht im Kopf«. Soll heißen: Führungspotenzial ist auf der einen Seite ein Talent, auf der anderen Seite ein ständiger Lernprozess. Führungskräfte müssen künftig Lehrer, Mentor, Gesundheitscoach und Mediator in Personalunion sein. In einer Arbeitswelt, die immer mehr von Technologie und Diversity geprägt wird, kommt es für sie auf technologisches Know-how ebenso an wie auf kulturelles Fingerspitzengefühl. Die technologischen Bedürfnisse des Unternehmens müssen dabei ebenso berücksichtigt werden wie die sozialen Aspekte und die persönlichen Neigungen jedes Einzelnen. Wertschätzung erweist man nicht durch ein buntes Buffet. Mitarbeiter, die ihren Wert kennen, verlangen ein individuelles Menü, das am Tisch mit dem Küchenchef abgestimmt wird. Wer mit seinen Ideen und seiner Leistungsfähigkeit zur tragenden Säule seines Arbeitgebers wird, hat eine bevorzugte Behandlung verdient. Viele Führungskräfte wird es überraschen, dass die meisten Koryphäen im Unternehmen diese Behandlung niemals einfordern. Die meisten wünschen sich eigentlich nur die nötigen Freiräume, ihre Leistung optimal einbringen zu können. Die guten Mitarbeiter wissen ganz genau: Die Unternehmensziele sind auch meine persönlichen Ziele. Nichts gibt mehr Selbstvertrauen und Bestätigung als die Lösung einer komplexen Aufgabe. Ein mündliches Schulterklopfen ist oftmals alles, was der Mitarbeiter erwartet. Wenn das ausbleibt, kann auch der Bonus am Jahresende diese Wunde nicht heilen.

Studien sind in meinen Augen gute Platzanweiser. Nicht mehr, aber auch nicht weniger. Sie zeigen die grobe Richtung an und bieten einen Blick über das große Ganze. Doch was wirklich das Richtige für Ihr Unternehmen ist, müssen Sie selbst erkennen. Das sagen Ihnen weder die Befragten noch die Auswertungsschlüssel. Am Ende sind Studien wie Politbarometer: Sie präsentieren lediglich die Meinungen Einzelner, die nach aktuellen politischen Entscheidungen Druck ablassen möchten. Wo diese Leute am Ende tatsächlich ihr Kreuzchen setzen, steht auf einem anderen Wahlzettel. Und für welche Kreuze sich die unendlich große Zahl der Nichtbefragten entschlossen hätte, wird uns für immer verborgen bleiben.

Das größte Problem der Unternehmen, insbesondere der Unternehmen des Mittelstands, basiert auf einem Irrtum: Viele Vorstände und Geschäftsführer glauben, dass sie es sind, die ihre Firma am besten kennen – und das nur, weil sie das Familienunternehmen in fünfter Generation leiten. Sie können sich allerdings sicher sein: Die Gesamtheit der Mitarbeiter kennt das Unternehmen wesentlich besser. Ihr Unternehmen ist nicht das, was in den letzten 150 Jahren in den Geschichtsbüchern stattgefunden hat, sondern das, was momentan auf dem Markt agiert. Viele Unternehmen verweisen voller Stolz auf ihr fruchtbares Ideenmanagement. Das bezieht sich allerdings in nahezu allen Fällen ausschließlich auf Verbesserungsvorschläge in Sachen Produktion. Warum nicht mal von den Mitarbeitern Ideen für die Unternehmensstruktur oder das Verhältnis zwischen Mitarbeitern und Führungsebene einfordern? Viele Fragen lechzen nach Antworten: Was lässt sich in Sachen Führung verbessern? Was sollte man in Bezug auf Zeitmanagement ändern? Wie lassen sich durch kleine Veränderungen in den internen Prozessen neue Produkte entwickeln, die neue Märkte bedienen oder gar erst entstehen lassen?

Jeder Mitarbeiter ist irgendwann einmal eingestellt worden. Was hält er von den Recruitingprozessen? Was hätte er sich gewünscht, damit ihm die Entscheidung noch leichter gefallen wäre? Und was hätte ihn beinahe von einer Unterschrift abgehalten? Auch über Geld und andere Dinge kann man sprechen. Auf welchen Bonus kann ein Mitarbeiter verzichten, wenn man ihm einen anderen Wunsch erfüllt? Vielleicht gibt es etwas, was die Unternehmenskasse weniger belastet, dem Mitarbeiter aber einen persönlichen Mehrwert bietet. Etwas, was kein Geld der Welt erreichen kann. Auch eine Wunschliste kann eine To-do-Liste sein. Nichts ist schließlich erfüllender als eine Win-win-Situation. Warum müssen Mitarbeiter eigentlich immer nur von ihren Unternehmen lernen? Auch umgekehrt wird ein Schuh draus. Oft arbeitet man nur wenige Meter voneinander entfernt, aber ebenso oft sind die Distanzen so groß, dass man aneinander vorbeiarbeitet.

… von den Kleinen lernen …

Start-ups mit 20 Mitarbeitern sind extrem beweglich, denn sie benötigen keine Verwaltung, die bremsende Regeln aufzwingt. Alle ziehen am selben Strang, jeder gibt sein Bestes, denn jeder kann die Leistungen der anderen sehr gut einschätzen – und wird dadurch motiviert, denn niemand möchte das Team enttäuschen. Doch wie lässt sich eine solche Atmosphäre in Unternehmen mit 20.000 Mitarbeitern erzeugen? Vieles kann man durch offene Kommunikation erreichen. Vielen Führungskräften fällt es schwer, sich selbst richtig einzuschätzen, die eigene Führungsqualität zu bewerten und zu erkennen, wo Verbesserungspotenzial besteht. Wie steht es um die eigene Glaubwürdigkeit? Anonymes oder offenes Feedback von den

Mitarbeitern sollte heute keine Majestätsbeleidigung mehr sein. Alles, was verbessert, ist gut.

Viele fühlen sich wohl bei dem Gedanken, ein kleines, aber leistungsfähiges Rädchen in einem Konzern mit 100.000 Mitarbeitern zu sein. Ein großes Unternehmen bietet ein Gefühl von Sicherheit, denn Branchenriesen werden wahrscheinlich nicht so schnell untergehen wie ein Start-up. Doch eigentlich ist jeder Teil eines Teams, das in den meisten Fällen sogar kleiner ist als ein Start-up. Das Einzige, was einen Mitarbeiter stört, ist das Gefühl, dass in der Hierarchie über ihm noch mindestens 1000 Vorgesetzte Kontrollfunktionen ausüben und Regeln aufstellen. Im Start-up weiß jeder, dass man seinen Job aus eigener Kraft erhalten kann. Im Großunternehmen wird man möglicherweise abends Opfer des Rotstifts, obwohl man am Morgen noch das Schulterklopfen des Teamleiters verspüren konnte. Zu diesem hat man eine Beziehung – zu den Vorgesetzten jenseits der zweiflügeligen Türen jedoch nicht. Doch auch das sind Distanzen, die abgebaut werden können.

… von den anderen lernen …

Diversity bringt viele Probleme mit sich, nicht nur im Bereich Kommunikation, sondern auch in Form von religiösen und kulturellen Hürden. Zum Glück sehen die meisten Unternehmen die Lösung dieser Probleme als kleinste Herausforderung, denn der Gewinn, den die Vielfalt verspricht – und in den meisten Fällen auch hält –, ist enorm. Er spiegelt sich nicht nur im Aktienkurs, sondern auch im sozialen Miteinander wider. Die Menschen lernen, dass sich Vorurteile, mit der sie in der Gesellschaft groß geworden sind, innerhalb des Unternehmens in Luft auflösen. Hautfarben werden bedeutungslos angesichts der Kompetenzen, die andere mitbringen. Know-how und Ideen, über die man selbst nicht verfügt und die die Marktposition stärken, finden Anerkennung. Irgendwann erkennt jeder, dass Integration immer die Bereitschaft beider Seiten erfordert. Und irgendwann in ferner Zukunft, wenn wir Anderssein mit Einzigartigkeit gleichsetzen, werden wir die nächste Stufe unserer Entwicklungspyramide erreicht haben.

Heute wissen wir, dass Technologie der stärkste Faktor in der Welt des Wandels ist. Sie sorgt dafür, dass unsere reale und die virtuelle Welt immer mehr miteinander verschmelzen. Wer sie versteht und optimal einsetzt und verteilt, hat ein gutes Navigationssystem installiert. Globalisierung hat in Verbindung mit Technologie viele Vorteile. Wird irgendwo auf der Welt ein Problem mithilfe von Technologie gelöst, ist es auf der ganzen Welt gelöst. Und bedenken Sie: Smartphones und andere Devices werden leistungsfähiger und günstiger, und das Internet verbreitet sich bis in die letzten Winkel unseres Planeten. In den nächsten fünf Jahren werden weitere drei Milliarden Menschen online sein. Daraus wird wieder eine Handvoll Ideen generiert, die – jede für sich – die Welt verändern, die neue Produkte und neue Jobs erschaffen. Wir alle werden davon profitieren und niemand wird mehr von der guten alten Zeit sprechen, weil die Zukunft deutlich besser wird, als viele Schwarzseher uns glauben machen wollen (weil man ja schließlich auch mit Schwarzsehen verdammt viel Geld verdienen kann). Das Beste an diesem Fortschritt: Niemand muss mehr auf die Unterstützung von Regierungen oder Großkonzernen warten, um Ideen für wegweisende Produkte umzusetzen. Dank Crowdfunding steht Geld für Produkte und Lösungen bereit, lange bevor sich ein Entscheider der alten Schule dazu durchringen kann, den Businessplan durchzulesen.

... und von der Zukunft lernen

Die nächste Zukunft kommt schneller, als wir denken. Früher hatten wir zwei Leben: eines vor und eines nach Feierabend. Heute haben wir nur noch eins, denn Arbeit und Leben sind längst miteinander verschmolzen. Auch das ist eine Form von Fortschritt. Doch bei allen Möglichkeiten, die sich durch die technologische Entwicklung ergeben, sollten wir das Augenmaß behalten: Welche Ideen sind förderungswürdig? Welche Investitionen, welche Entwicklungen und welche Veränderungen machen wirklich Sinn? Nehmen wir als Beispiel die Mobilität, die neue Formen der Flexibilität ermöglicht. Fahren wir irgendwann im ferngesteuerten Auto zwei Stunden zur Arbeit und nutzen diese Zeit für Wissensarbeit – oder macht es mehr Sinn, das Arbeiten im Homeoffice durch Optimierung der Prozesse noch attraktiver zu machen? Geschäftsreisen sind bereits heute eine veraltete Form von Kommunikation, aber vielleicht wird der Weg zur Arbeit schon bald das mobile Büro in den Fokus rücken. Vielleicht wird Starbucks eines Tages für digitale Nomaden Sitzmöbel bereitstellen, die den berufsgenossenschaftlichen Anforderungen in Bezug auf Ergonomie am Arbeitsplatz gerecht werden. Vielleicht wird Starbucks aber auch gleich in den Markt der Coworking Spaces einsteigen. Guter Kaffee wird schließlich immer gern getrunken. Und besonders gern bei der Arbeit.

Und der Mitarbeiter der Zukunft? Welche Ansprüche wird er an sein Unternehmen stellen? Was junge Leute heute cool finden, kann für junge Eltern morgen schon ein No-Go sein. Wir sind zwar alle irgendwann hochgradig technikaffin, aber in erster Linie immer noch eine soziale Spezies, die das Rudel sucht. Nicht alles, was wir uns wünschen, wird deshalb auch umzusetzen sein. Es wird – zumindest in absehbarer Zukunft – immer Menschen geben, die die Sicherheit eines Arbeitsvertrags und das Großraumbüro im Unternehmen dem Leben eines Freelancers vorziehen. Niemand darf ins Homeoffice gezwungen werden. »Alles dürfen, nichts müssen«, muss das Credo sein, das sich alle Unternehmen in ihre Unternehmensphilosophie einpflanzen sollten.

Die Generation Y wird zweifelsohne frischen Wind in die Unternehmen bringen, doch sie brütet dort auch das nächste große Problem aus, die nächste große Herausforderung: Jeder von ihnen möchte möglichst schnell Karriere machen, doch nur 20 Prozent von ihnen werden die entsprechenden Positionen erreichen können. 80 Prozent werden eines Tages erkennen müssen, dass der Weg für sie in diesem Büro endet. Sie kündigen in der Hoffnung, mit ihren Fähigkeiten in einem anderen Unternehmen begeistern zu können. Doch auch dort möchten sich 80 Prozent der Belegschaft nach oben kämpfen.

Technologie wird für immer an unserer Seite sein und uns immer weiter nach vorn bringen. Big Data wird weiterwachsen, und das Internet der Dinge wird bald in Dingen zu finden sein, die wir uns heute noch gar nicht vorstellen können. Auf den Mond haben wir es noch ohne digitale Power geschafft, doch die höheren Ziele erreichen wir nur mit ihr.

Technologie verändert auch das Miteinander in Unternehmen: Welche Möglichkeiten des Personalrecruitings stehen uns in zehn Jahren zur Verfügung? Welche Möglichkeiten der Personalbindung fallen uns noch ein? Kann man den Mitarbeiter in der Arbeitswelt der Zukunft überhaupt noch binden? Und wird es dann überhaupt noch Personaler geben? Noch einmal: Im Jahr 2020 werden – zum ersten Mal in unserer Geschichte – fünf Generationen innerhalb der Belegschaften miteinander arbeiten und kommunizieren. Welche Herausforderungen, Chancen und Probleme sich allein daraus ergeben, ist noch nicht absehbar. Wichtig ist, dass wir heute beginnen, Unternehmen und Talent noch besser zu verbinden. Wenn diejenigen, die sich nach Jahren voller Qualen an E-Mails gewöhnt haben, auf diejenigen treffen, die ohne Social Media nicht mehr leben können, prallen Welten aufeinander. Das ist genau die Zeit, in der die Generation Y Führungspositionen einnimmt und Brücken zwischen den Generationen schlagen muss. Wenn traditionelle Bilder sich wandeln und die Alten von den Jungen lernen, wenn Prozesse nicht nur verändert, sondern sogar ersetzt werden, wenn die Interessen von Menschen in den Mittelpunkt unseres Denkens und Handelns vordringen, hat die Zukunft begonnen.

Wir sind erst am Anfang. Seien Sie neugierig! Haben Sie Mut! Ich wünsche Ihnen, dass Sie als »Erster mit Herz« im Kopf Ihres Mitarbeiters ankommen und bleiben. Und übrigens: Wenn ich Ihnen einmal helfen kann, zögern Sie nicht, mich anzusprechen. Jetzt aber sind erst einmal Sie dran. Viel Erfolg!

Anhang

Über Dell GmbH

Dell bietet innovative und zuverlässige End-to-End-IT-Lösungen, die insbesondere optimal auf die Bedürfnisse des Mittelstandes zugeschnitten sind. Als verlässlicher IT-Partner bietet Dell Komplettlösungen aus einer Hand – Lösungen, die neben zuverlässiger Hardware, Software und umfangreichen IT-Services vor allem die individuelle und persönliche Beratung umfassen.

Mit der »Mission Mitarbeiter« verpflichten wir uns, Technologie und Know-how dort einzusetzen, wo der größte Nutzen für Mensch und Umwelt erreicht werden kann. Das umfasst zum einen Maßnahmen zum Schutz der Umwelt und zur Stärkung unserer Gemeinden. Zum anderen bietet Dell seinen Mitarbeitern eine von Diversifizierung und Integration geprägte Teamstruktur. Dell sorgt damit für eine Unternehmenskultur, die in die Ära der Digitalisierung passt, die genauso spannend und begeisternd ist wie die Menschen, die diese prägen.

Dell GmbH
Main Airport Center
Unterschweinstiege 10
60549 Frankfurt am Main
Tel: +49 (0) 69 979 23209
E-Mail: arne_borg@dell.com

Über Doris Albiez

Doris Albiez ist Vice President und General Manager von Dell in Deutschland. In dieser Funktion ist sie für die Gesamtleitung des Unternehmens in Deutschland verantwortlich.

Albiez verfügt über mehr als 30 Jahre Berufserfahrung in der IT-Industrie. Sie kam im Mai 2013 von IBM, wo sie zuletzt als Vice President Distribution Sales BPO & Midmarket Germany das gesamte Channelgeschäft des Unternehmens einschließlich ISVs, OEMs, Distribution und aller Key-, Top- und Base-Partner in Deutschland verantwortete. Zudem war sie Mitglied des Central Advisory Boards von IBM Deutschland.

Vor ihrem Wechsel zu IBM im Jahre 2008 war Doris Albiez Vice President, Sales EMEA, bei Navigon, wo sie die Entwicklung und Implementierung der gesamten EMEA-Vertriebsorganisation des Unternehmens verantwortete, die Reorganisation von Navigons Vertriebsorganisation in Deutschland, Österreich und der Schweiz vorantrieb und das Unternehmen erfolgreich als Lösungsanbieter positionierte.

Zuvor war sie in zahlreichen Führungspositionen im Vertrieb und Marketing bei namhaften Unternehmen wie DEC, HP, Macrotron oder Polycom tätig. Zudem war sie Gründerin und Inhaberin von NetConsult, einem Beratungsunternehmen mit Fokus auf Vertrieb und Marketing sowie Mergers & Acquisitions.

Albiez ist verheiratet und lebt in Erding bei München.

Über Edgar K. Geffroy

Mit 30 Jahren Erfahrung als Unternehmer, Wirtschaftsredner und Bestsellerautor ist Edgar K. Geffroy für viele heute zum Maßstab für Kontinuität auf der einen Seite sowie Innovationskraft und Pioniergeist auf der anderen Seite geworden.

Geffroy hat ein ausgeprägtes Talent, Menschen zu begeistern und für neue Wege zu motivieren. Seine Ideen und Impulse haben bis heute fast eine Million Menschen weltweit erreicht und zeugen von der Akzeptanz und Überzeugungskraft seiner Konzepte. Mit Leidenschaft motiviert und inspiriert Geffroy zu unternehmerischem Neudenken in der digitalen Welt und bricht dabei gewohnte Denkmuster auf.

Langjährige unternehmerische Erfahrungen in verschiedenen Branchen machen ihn zu einem gefragten Strategieberater. In der Businesswelt sorgte er mit seinen Themen nicht nur einmal für Furore. Der »Service-Pionier« hat der gesamten Kundenorientierung bereits Anfang der Neunzigerjahre mit seiner Clienting®-Strategie eine ganz eigene Note gegeben. Viele Unternehmen weltweit nutzen heute seine Konzepte.

Seither setzt Geffroy immer wieder neue Maßstäbe im Bereich Kundenorientierung und Veränderung durch den digitalen Wandel. Längst gilt er als Businessvordenker mit einem besonderen Gespür dafür, die Trends am Markt frühzeitig zu erkennen und zu nutzen. Unternehmer schätzen diese Begabung sehr und ziehen ihn immer dann zurate, wenn Neues gesucht, etabliert und nachhaltig in den Markt gebracht werden soll.

2007 wurde er in die German Speakers Hall of Fame® aufgenommen und trägt damit die höchste Auszeichnung der German Speakers Association. 2012 erhielt Geffroy den Businessvordenker-Preis des Jahrzehnts der BEST of BEST Academy, Wien. Für sein Lebenswerk erhielt er 2015 den Grand prix d'excellence des conférenciers européens vom Speakerportal Vortragsredner.de.

Als Erfolgsautor revolutionierte Edgar K. Geffroy mit seinen Bestsellern die Welt von Unternehmern, Marketingverantwortlichen und Verkäufern. *Das Einzige, was stört, ist der Kunde* behauptete sich 100 Wochen in den Top-10-Listen. Bis heute hat er 27 Bücher geschrieben und davon mehr als eine Viertelmillion in 25 Ländern verkauft.

Die Clienting®-Strategie – ein Ansatz, anders zu denken

Seit über 25 Jahren beeinflusst Edgar K. Geffroy mit seiner besonderen Analysemethode, der Clienting®-Strategie, die Geschäftswelt.
Diese Beziehungslehre richtet sich nach den individuellen Bedürfnissen der Kunden und hilft Ihnen, sich klar vom Wettbewerb ab-
zugrenzen. Clienting® stellt eindeutig den Menschen in den Mittelpunkt des Handelns. Das ist der Kern der gesamten Beziehungslehre,
der sich auf eine einfache Formel herunterbrechen lässt: »Unser Geschäft ist es, mit allen Mitteln und Möglichkeiten zu helfen, dass unsere Kunden selbst bessere Geschäfte machen.« Und das vor allem
von Mensch zu Mensch.

Die Clienting®-Strategie konzentriert sich am Engpass der jeweiligen
Zielgruppe, um Produkte, Dienstleistungen oder das Unternehmen
zielgerichtet zu vermarkten. Ziel ist es, eine eigene Monopolstel-
lung aufzubauen. Doch wie kann diese auf Naturgesetzmäßigkeiten
beruhende Methode in einem Markt, der immer digitalisierter, pa-
radoxer und zugleich eigendynamischer wird, umgesetzt werden?
Die Antwort ist recht einfach. Indem man die Grundregeln von Ge-
schäftsbeziehungen ändert. Heute können Unternehmen nur dann
erfolgreich sein, wenn sie eine Beziehung mit ihren Kunden einge-
hen. Ziel muss es sein, Partnerschaften zu Kunden aufzubauen, um
mit deren Hilfe die zunehmende Komplexität, Widersprüchlichkeit
und Dynamik auf der Marktebene und der Kundenseite in den Griff
zu bekommen. Und genau dies ist Funktion und Ziel von Clienting®.

Ein Unternehmen muss permanent bemüht sein, potenzielle Neu-
kunden individuell abzuholen und ihre Wünsche und Bedürfnisse in
besonderer Weise zu berücksichtigen. Der Kunde darf während des
Kommunikationsprozesses nicht die Preispolitik als einziges Merkmal
des Unternehmens wahrnehmen. Er benötigt in erster Linie Lösungen. Ihm müssen gewinnbringende Lösungen präsentiert werden, mit
denen er sich vom Wettbewerb monopolartig unterscheiden kann.

Betrachten Sie den Kunden niemals als Interessenten für ein Produkt oder eine Dienstleistung, sondern als Menschen mit verschiedenen Interessen und Bedürfnissen. Auch wenn ein Kunde keinen Bedarf hat, etwas zu kaufen, sammelt er unbewusst Informationen, auf die er – auch ohne gezielten Werbeimpuls – zurückgreift. Der Kunde muss im ersten Schritt immer für eine Idee sensibilisiert werden, selbst wenn noch kein konkretes Interesse besteht. Partnerschaften bieten dazu eine ideale Grundlage. Innovative Unternehmen denken nicht in Wettbewerbskategorien, sondern in Partnerschaften. Ein Partnersystem kann nur dann funktionieren, wenn die Summe an Leistungen den Wert einer Geschäftsbeziehung überschreitet, frei nach dem Grundsatz der Clienting®-Strategie. Deshalb ist es ein Partnersystem, ein System, bei dem beide Seiten voneinander profitieren. Wie in einer guten und tragfähigen Beziehung. Der Partnerschaftsgedanke eröffnet die Möglichkeit, ein grundsätzliches Vertrauen aufzubauen. Und gerade dieses Vertrauen ist der maßgebliche Kitt, der zukünftig den gesamten Markt revolutionieren wird.

Nicht der Profitgedanke wird in den nächsten Jahren für den Erfolg der Unternehmen entscheidend sein, sondern der Gedanke einer soliden und vertrauensvollen Partnerschaft. »Zusammen sind wir stark« oder »Zusammen erreichen wir mehr als die Summe, die jeder im Alleingang schaffen kann«. Ganz zu schweigen von der Masse an gebündeltem Kreativpotenzial, das so eine Partnerschaft kreieren kann, wenn beide Partner komplementäre und sich ergänzende Fähigkeiten besitzen. Nur auf der Basis sinnvoller Kooperationen werden Kräfte frei, die zum Nutzen der Zielgruppe eingesetzt werden können. Damit schaffen Sie den Grundstein für wirkungsvolle und beständige Geschäftserfolge. Denn der Durchbruch auf dem Markt geschieht umso schneller, je präziser und stärker die Kräfte konzentriert werden.

In diesem Zusammenhang spielt die fortschreitende Digitalisierung von Geschäftsprozessen eine wichtige Rolle. Im Zuge der digitalen

Transformation müssen die Unternehmen noch weiter denken, und zwar nicht nur in Partnerschaften, sondern vor allem in menschlichen Beziehungsnetzwerken. Das Networking mit Kunden bringt den entscheidenden Wettbewerbsvorteil. Ein ausgeprägtes Kooperations- und partnerschaftliches Beziehungsnetzwerk macht Sie individueller und flexibler am Markt. Partnerschaften, Beziehungen und damit eindeutig der Mensch wird durch die Clienting®-Strategie in den Mittelpunkt des Handelns gestellt. Unternehmen müssen zukünftig, um erfolgreich zu sein, den Kunden und damit den einzelnen Menschen in den Fokus ihrer Handlungen stellen. Produktdenken wird so in Zukunft durch individuelles Kundendenken ersetzt werden.

Die Clienting® Inside-Strategie

Die Mitarbeiter im Unternehmen stellen eine äußerst wichtige Säule des Clienting® dar.

Jeder einzelne Mitarbeiter ist Partner und Mit-Unternehmer. Der Mitarbeiter der Zukunft ist unabhängig, flexibel, kritisch und offen. Er bietet sein Wissen und Können an und ist somit ein Spezialist, dessen Dienste eine Firma durch die richtige Einstellung in Anspruch nimmt. Das können sowohl Festangestellte als auch freie Mitarbeiter in einem Outsourcing-Verhältnis sein, die sich dann zu einer festen Gruppe zusammenfinden, die sich um ein Projekt kümmert. Dabei werden die Mitarbeiter in Funktion von »Mit-Unternehmern« immer daran denken müssen, wie Sie als Unternehmer selbst denken. Früher haben sie das vermieden. Daher ist es auch notwendig, dass Sie eine entsprechende Transparenz Ihrer Gedanken schaffen. Man soll nicht durch Sie hindurchgucken können, aber Sie müssen auch unternehmerisches Denken vermitteln; so geht es beispielsweise nicht darum, immer »Everybody's Darling« zu sein, sondern ebenso um den Profit, der ein Unternehmen letztendlich am Leben erhält.

Die Arbeitsverhältnisse werden durch die digitale Transformation in Zukunft wesentlich kürzer – im Extremfall sind sie auf ein einziges Projekt beschränkt. Diejenigen, die schnell, flexibel, kompetent und erfahren im Umgang mit Menschen sind, haben die besten Erfolgschancen. Als eigener Mit-Unternehmer, der seine Fähigkeiten und sein Wissen einem Arbeitgeber anbietet, müssen sich diese Menschen ebenso von anderen Konkurrenten abheben wie Firmen untereinander – insbesondere hinsichtlich Effizienz, Zuverlässigkeit, Qualität, weniger über den Preis. Also wird auch für den digitalisierten Arbeitsmarkt das Thema Beziehungen oder schlechthin das Clienting® Inside eine enorme Bedeutung gewinnen. Da, wo die Mitarbeiterzufriedenheit hoch ist, ist automatisch auch die Kundenzufriedenheit hoch. Die Wertquelle Nummer eins in der digitalen Welt ist der Mensch. Management, so wie wir es kennen, funktioniert nicht mehr. Wir müssen nach neuen Regeln leben, denken und arbeiten. Wir können nicht mehr beherrschen, bestimmen und befehlen. Wir können es nur noch koppeln. Es ist die Zeit der Wiederentdeckung von menschlichen Fähigkeiten wie Vertrauen, Zuverlässigkeit und Authentizität. Die Zeichen stehen auf Mensch.

Vorträge und Seminare

Seit 30 Jahren ist Edgar K. Geffroy durch seinen unermüdlichen Pioniergeist, mit seinen Vorträgen stets am Puls der Zeit, um Unternehmen neue Chancen aufzuzeigen und dabei gewohnte Denkmuster aufzubrechen. »Erfolge entstehen im Kopf!« ist seine Botschaft. Veränderung soll Spaß machen, die Menschen mitreißen, genau wie seine Vorträge und Seminare.

Durch seine charismatische Art und mit einem wahren Feuerwerk an Ideen für neue Wege begeistert er jährlich Tausende Zuhörer und inspiriert zu unternehmerischem Neudenken. Edgar K. Geffroy erfand Clienting®, eine moderne Kundenlehre, die die Beziehung zum

Kunden in den Mittelpunkt stellt. Sie zu verblüffen und nicht nur zufriedenzustellen, das ist sein Antrieb.

Der Top-Speaker mit über 2.800 Auftritten vor mehr als einer halben Million Menschen plädiert dafür, den Kunden zum Mittelpunkt jeder Geschäftsstrategie zu machen: »Unternehmen, die überleben wollen, müssen umdenken und Erfolg neu definieren. Erst kommt der Mensch, dann das Geschäft.«

Jetzt überträgt er die Clienting®-Strategie auf den Mitarbeiter, denn er ist der erste Kunde.

So bewerben Sie sich bei Ihren Mitarbeitern

Unternehmen haben heute in vielen Fällen nicht realisiert, dass sie völlig neu lernen müssen, mit den Augen der Mitarbeiter zu sehen. Der Anspruch eines neuen Mitarbeiters ist heute ein ganz anderer als noch vor wenigen Jahren. Eine neue Generation von jungen qualifizierten Nachwuchskräften erwartet von einer Firma heute mehr als nur Karrierechancen und Gehalt. Sie erwarten, sich engagieren zu können, selbstständig zu handeln und eigenverantwortlich Aufgaben zu übernehmen. Für sie geht es heute um Quality Time während ihres Arbeitslebens, und das wollen sie nicht an stupide Firmen verschwenden.

Ein nächster wesentlicher Trend verschärft die Entwicklung in den Unternehmen jetzt noch mehr: die digitale Welt. Sie hört nicht mehr an den Türen der Unternehmen auf, sondern ist wesentlicher Bestandteil unseres Lebens geworden. Es ist normal geworden, das zu tun, was man will, wann man es will, wie man es will und wo man es will. Das sorgt für neuen Zündstoff in den Unternehmen. Aber die Realität ist längst da.

Willkommen in einer Geschäftswelt, in der der einzelne Mensch im Mittelpunkt zukünftiger Erfolge steht. Es ist die Neuentdeckung des Mitarbeiters als ersten Kunden in der digitalen Welt. Das ist Chance und Herausforderung gleichzeitig. Hier setzt unsere Clienting® Inside-Strategie an. Das Konzept stellt den einzelnen Mitarbeiter in den Mittelpunkt des Managementprozesses und hat den Anspruch, dem Mitarbeiter ein Umfeld zu schaffen, in dem er seine eigenen Fähigkeiten und Ansprüche umsetzen kann. Dabei betrachtet sich die Führungskraft als Partner und Coach des Mitarbeiters, um gemeinsame Ziele zu erreichen. Ein Arbeitgeber, der seinen Teams nicht alle Möglichkeiten des individuellen Handelns bietet, verliert auf dem hart umkämpften Arbeitsmarkt automatisch an Boden. Wer möchte schon für ein Unternehmen arbeiten, das die Gelegenheit auf verbesserte Arbeitsqualität aus reinem Desinteresse ungenutzt lässt? Eine Geschäftsstrategie, die ignoriert, dass der Mensch im Mittelpunkt zukünftiger Geschäftserfolge steht, verspielt entscheidende Ressourcen: potenzielle Nachwuchskräfte, die eine langfristige und kreative Bereicherung für das Unternehmen sein könnten. Daher ist der Mitarbeiter in der digitalen Welt immer der erste Kunde. Dieser Perspektivenwechsel ist Herausforderung und Chance zugleich.

Die Clienting® Inside-Strategie verleiht Ihnen einen neuen Blickwinkel. Richten Sie den Fokus auf den Mitarbeiter als Individuum und gestalten Sie ein Umfeld, in dem er sich seinen Fähigkeiten entsprechend einbringt. So kann er sich für die Ziele des Unternehmens engagieren, ohne seine eigenen Ansprüche zu vernachlässigen. Das schlägt sich in erhöhter Mitarbeiterzufriedenheit nieder – ebenso wie in Projekten, die schneller, reibungsloser und lohnender zum Abschluss gebracht werden.

Clienting® Inside betrachtet eine Führungskraft nicht mehr als Vorgesetzten, sondern als Partner eines Mitarbeiters. Legen Sie den Grundstein einer neuen und konstruktiven Beziehung zwischen Führung und Team!

Informationen zu weiteren Vortrags- und Seminarthemen finden Sie auf unseren Websites: www.geffroy.com und www.clienting-consulting.com

Haben Sie weitere Fragen? Das Team Geffroy hilft Ihnen gerne. Wir freuen uns auf Sie!

Geffroy GmbH
Großenbaumer Weg 5
40472 Düsseldorf
Tel: + 49 (0) 211 40 80 97-0
Fax: + 49 (0) 211 40 80 97-26
E-Mail: team@geffroy.com
www.geffroy.com
www.clienting-consulting.com

Stichwortverzeichnis